高等教育自学考试融媒体配套辅导

儿童发展理论
核心考点精解

本书编写组　编

中国教育出版传媒集团

高等教育出版社·北京

图书在版编目（CIP）数据

儿童发展理论核心考点精解／《儿童发展理论核心考点精解》编写组编. --北京:高等教育出版社，2023.3
ISBN 978-7-04-059459-1

Ⅰ.①儿… Ⅱ.①儿… Ⅲ.①儿童心理学-教学参考资料 Ⅳ.①B844.1

中国版本图书馆 CIP 数据核字（2022）第 183542 号

ERTONG FAZHAN LILUN HEXIN KAODIAN JINGJIE

策划编辑 袁 畅	责任编辑 朱丽娜	封面设计 贺雅馨	版式设计 杨 树
责任校对 张 薇	责任印制 高 峰		

出版发行	高等教育出版社	网 址	http://www.hep.edu.cn
社 址	北京市西城区德外大街 4 号		http://www.hep.com.cn
邮政编码	100120	网上订购	http://www.hepmall.com.cn
印 刷	北京市密东印刷有限公司		http://www.hepmall.com
开 本	787mm×1092mm 1/16		http://www.hepmall.cn
印 张	7.5		
字 数	160 千字	版 次	2023 年 3 月第 1 版
购书热线	010-58581118	印 次	2023 年 3 月第 1 次印刷
咨询电话	400-810-0598	定 价	29.00 元

本书如有缺页、倒页、脱页等质量问题,请到所购图书销售部门联系调换

版权所有 侵权必究

物 料 号 59459-00

前言

为帮助参加全国高等教育自学考试的考生更好地学习、应考,在最短的时间内掌握更多的知识,顺利通过考试,我们精心编写了这本《儿童发展理论核心考点精解》。

本书根据全国高等教育自学考试指导委员会颁布的考试大纲,依照新版教材,参照最新考试题型编写而成,内容全面覆盖了考试大纲所要求掌握的知识点,且重点突出。本书从内容和形式上都力求做到专业性、权威性和准确性。

建议考生将本书与相应教材配套使用,通过系统性的练习,加深对该学科考试内容的理解和记忆,掌握常用解题方法和技巧,全面巩固知识点。本书各章内容由教材知识思维导图、本章重难点知识概要、重难点知识精讲(穿插真题链接、知识延伸、案例分析)、同步强化练习、参考答案及解析等部分构成。

第一部分"教材知识思维导图",为考生梳理每一章知识要点及各个知识点之间的联系,形成一个整体的知识框架,使考生对本章内容一目了然。

第二部分"本章重难点知识概要",每一章配有参照考试大纲整理出来的要求考生掌握的知识点,使考生能够快速抓住考试重点,有针对性地学习。

第三部分"重难点知识精讲",为考生整理了每一章知识的重点及难点,将教材中复杂的理论简单化,并配有"真题链接""知识延伸""案例分析"栏目,每道真题后都有参考答案及详细的解析。考生可以边学边做,随时查阅教材,方便省时、加深记忆。

最后两部分分别是"同步强化练习""参考答案及解析"。通过知识的应用,能巩固考生对知识点的记忆,同时能及时检测考生对知识点的掌握程度。

在后附的模拟试卷中,每道模拟练习题均附有详细的参考答案及解析,且题型及难度与真题相仿,注重实战,讲求技巧。通过精准的预测、深入的要点分析、详细的解析,力求全真模拟考试实境,切实提高考生的综合应试能力,满足考生科学地进行自我考评的需求。

本书还配有免费数字资源,包括两套真题,扫描封面二维码,即可在线答题。

考生的成功是我们最大的心愿,考生的支持是我们最大的动力,考生的需要,就是我们努力的方向。我们诚挚希望本书能助考生一臂之力。同时,书中的不足之处敬请各位专家和同仁不吝指正。

编　者

目录

第一章
绪　论

一、 教材知识思维导图

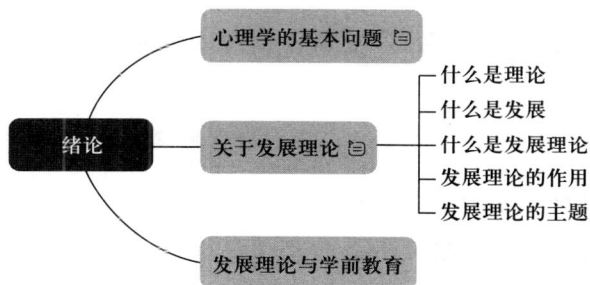

```
                          ┌─ 心理学的基本问题 (三)
                          │                          ┌─ 什么是理论
                          │                          ├─ 什么是发展
          绪论 ───────────┼─ 关于发展理论 (三) ──────┼─ 什么是发展理论
                          │                          ├─ 发展理论的作用
                          │                          └─ 发展理论的主题
                          └─ 发展理论与学前教育
```

二、 本章重难点知识概要

重点知识:什么是发展理论。

难点知识:发展理论的主题。

学习建议:结合学前教育专业理论指导的迫切性,认识发展理论的作用。

三、 重难点知识精讲

考点一:心理学的基本问题

心理学的基本问题:第一,心理学是什么? 第二,怎样研究心理现象?

1878 年,德国心理学家冯德在莱比锡建立了第一个心理实验室,标志着科学心理学的诞生。

行为主义心理学流派:代表人物华生,主张心理学应该只研究外在的行为,不要去为头脑内部的过程操心。

弗洛伊德高举无意识的大旗,从根本上修改了心理学的定义和方法。

心理学大师——皮亚杰在康德哲学的影响下,建构了一套全新的认知心理学,揭示出认知结构的机能和结构演变的规律,对发展心理学、普通心理学和认识论的发展作出了卓越的贡献。

以马克思主义哲学为指导的心理学则坚持把心理的发展放在社会、文化和历史的条件下来观察,放在教育和教学中培养,形成了心理学定义和方法的新体系。

【真题训练】

(2020.10)①(单项选择题)冯德在德国莱比锡建立第一个心理实验室的时间是(　　)

A. 1869 年　　　　　　　　B. 1878 年　　　　　　　　C. 1889 年　　　　　　　　D. 1899 年

【答案】B

【解析】1878 年,德国心理学家冯德在莱比锡建立了第一个心理实验室,标志着科学心理学的诞生。

考点二：理论和发展

(一) 什么是理论

(1) 理论是公理化的句子的组合。通俗地说,理论是对通过观察所收集的经验事实加以假设后形成的一套由术语组成的句子。

(2) 把理论看作一个模型。模型是科学理论与客观现实之间的一个中介,是对世界高度的理想化、局部化的模拟。

(3) 理论是每一个科学家根据他对科学"主题"的分析,进行与主题有关的研究。

(二) 什么是发展

1. 发展的概念

发展是由一种新结构的获得或从一种旧结构向一种新结构的转化组成的过程。

2. 发展与结构变化的关系

发展是一种变化,是一种连续的、稳定的变化。而且,这种变化是在个体内部进行的,发生在个体之外的变化不能称之为发展。

当儿童把所学的知识与头脑中原有的知识体系相互联系起来,并能将整个系统中相关联的对象联系起来,才能说这种变化导致了结构的变化,才可称得上是发展。

【真题训练】

(2021.10)(单项选择题)发展是一种变化,以下不属于"变化"的特性的是(　　)

A. 连续的　　　　　　　　B. 稳定的　　　　　　　　C. 持久的　　　　　　　　D. 外在的

---

① 2020.10 指本题为 2020 年 10 月考试真题。

【答案】D

【解析】发展是一种变化,是一种连续的、稳定的变化。而且,这种变化是在个体内部进行的,发生在个体之外的变化不能称之为发展。

考点三：发展理论

（一）发展理论的概念

发展理论可界定为论述儿童心理发展的全过程和探讨发展机制的理论。

（二）发展理论的任务

（1）描述一个或几个心理领域的发展过程。

人的心理是一个完整的系统,相互之间的联系是不可分割的。但为了研究的方便,研究者不得不把注意力集中在某一个或几个具体过程中,以探求其规律性的东西。

对心理过程的描述,来源于观察与实验。观察与实验的资料,是构成发展理论的基础。

很多发展心理学家的早期工作都是从描述开始的。最典型的人物当数格塞尔。

（2）描述几个心理领域之间的变化关系。

（3）解释发展的因素（动力）和机制。

发展理论必须说明心理发展的规律、趋势和原则,阐述变化的必要条件和充分条件,揭示调整发展速率的变量。只有这样,才能达到人类认识规律、利用规律和改造主客观世界的目的,具体来说,可以达到认识、预测、操纵和利用事物的发展的目的。

解释发展变化的常用方式是假设一种连续的变化在导致发展不断地进行,其一般的方式是行为 A 变化成行为 B,成为 AB;然后,AB 又变成行为 C,成了 ABC,从而使心理过程越来越复杂。当发展到更高级的阶段时,原先的阶段（发展水平）不是消失,而是被整合在新的结构之中,这样就构成了事物发展的全过程。

以上阐述的发展理论的三项任务并不是相互孤立的。一个具体的发展理论总是在这三项任务中迂回前进,相互联系、相互促进。

（三）发展理论的作用

发展理论具有组织信息和指导研究的作用。

（四）发展理论的四个主题

1. 心理的实质

从心理学的角度揭示人的本质,就是心理的实质的真实内涵。在心理学中,关于心理的实质的分歧集中在把人当作机械还是当作有机体,以及把人当作是单独的个体还是当作社会的一员上。

（1）机械论。机械论反映在心理学中,其哲学来源是经验主义哲学家洛克和休谟的理论。他们把人当作内部静止的、必须由外部力量推动的机器。这种观点在行为主义发展理论中达到了登峰造极的地步。儿童成了可以根据成人的意愿任意塑造的原料。

（2）机体论。该理论把人看作一个生命系统而不是机器。这一思想起源于莱布尼茨。他认为，世界是一个整体，它具有内在的活动和自我调节的功能。反映在心理学领域中是机能主义的理论，重视意识在适应环境中的作用。之后，由于受达尔文进化论的影响和詹姆斯实用主义心理学的推动，这一理论更是主张心理学的研究对象是具有适应性的心理活动，强调意识活动在人类有机体的需要与环境之间起重要的中介作用，主张意识是一个连续的整体。这种观点在心理学中被广泛接受，成为主流。

贝塔朗菲站在开放系统的立场上，强调开放系统具有主动的行为特征。

心理学家怀特认为，有机体不同于机械。机械只是被动地接受环境的作用，而有机体具有主观作用，能对环境中的刺激作出过滤和组织，有选择地作出反应。

机械论认为儿童只是像海绵吸水一般被动地接受现实，而机体论认为，儿童能通过积极的同化建构他们的知识。

此外，把人当作单独的个体还是当作社会的一员，也是涉及心理本质的一个根本问题。

2. 量变与质变

量变和质变是一对哲学范畴，是发展变化的两种状态。

个体心理发展不可排斥量的变化，但是量变是为质变做准备的，没有量的变化就不可能有质的变化，但量变不能代替质变。把这个哲学命题具体到发展理论中来，集中地表现在阶段发展对非阶段发展的问题上。

发展理论更重视质的变化，也就是结构的变化。阶段式质变不仅被发展心理学家广泛接受，也被其他学术界所认可。

3. 遗传与环境（或称成熟与学习）

这个问题最早起始于古希腊的柏拉图与亚里士多德之间的哲学观点分歧。在心理学里，这一分歧演变为遗传决定论与环境决定论之间的争论。

关于遗传与环境相互作用的观点在皮亚杰的发生认识论中得到了详尽的阐述。他在分析发展的因素时指出了成熟、经验（包括物理经验和逻辑数理经验）、社会环境和平衡化的各自作用，成为相互作用论的代表。

4. 理论自身的建设

发展理论本身还面临着第四个主题，就是理论自身的建设。

【真题训练】

(2020.10)（单项选择题）心理发展机械论的哲学理论提出者是(　　)

A. 达尔文　　　　　B. 怀特　　　　　C. 詹姆斯　　　　　D. 洛克

【答案】D

【解析】机械论反映在心理学中，其哲学来源是经验主义哲学家洛克和休谟的理论。

四、 同步强化练习

1. 单项选择题

（1）（2018.10）主张心理学应该只研究外在行为的心理学家是（　　）

A. 维果茨基　　　　　B. 华生　　　　　　C. 弗洛伊德　　　　D. 皮亚杰

（2）对心理过程的描述,来源于观察与（　　）

A. 实验　　　　　　　B. 积累　　　　　　C. 行动　　　　　　D. 学习

（3）很多发展心理学家的早期工作都是从描述开始的,最典型的人物是（　　）

A. 格塞尔　　　　　　B. 华生　　　　　　C. 埃里克森　　　　D. 皮亚杰

（4）机体论的思想起源于（　　）

A. 格塞尔　　　　　　B. 皮亚杰　　　　　C. 埃里克森　　　　D. 莱布尼茨

（5）关于个体社会化的研究层出不穷,其中,最为彻底的是（　　）

A. 以皮亚杰为首的社会文化历史学派　　　B. 以华生为代表的行为主义心理学派

C. 以格塞尔为首的成熟势力学派　　　　　D. 以维果茨基为首的社会文化历史学派

2. 名词解释题

（1）发展

（2）发展理论

3. 判断说明题

（1）科学心理学诞生的标志是德国心理学家皮亚杰在莱比锡建立的第一个心理实验室。

（2）发展理论具有组织信息和指导观察的作用。

4. 简答题

（1）简述发展理论的三大任务。

（2）简述发展理论的主题。

五、 参考答案及解析

1. 单项选择题

（1）【答案】B

【考点】心理学的基本问题

【解析】有人提出,心理学应该只研究外在的行为,不要去为头脑内部的过程操心,于是产生了以华生为首的行为主义心理学流派。

（2）【答案】A

【考点】心理过程的来源

【解析】对心理过程的描述,来源于观察与实验。观察与实验的资料,是构成发展理论的基础。

（3）【答案】A

【考点】发展理论的任务

【解析】很多发展心理学家的早期工作都是从描述开始的。最典型的人物是格塞尔。他通过长期的观察和经典的实验,详尽地描述了儿童身体的、认知的、情感的、社会化的发展事实,最后归纳出年龄常模和发展理论。

（4）【答案】D

【考点】机体论

【解析】与机械论相反的是机体论,该理论把人看作是一个生命系统而不是机器。这一思想起源于莱布尼茨(G.W.Leibniz,1646—1716)。

（5）【答案】D

【考点】个体社会化的研究

【解析】关于个体社会化的研究层出不穷。应该说,这一研究视野的扩大是心理学理论建设的一大进步。其中,最为彻底的是以维果茨基为首的社会文化历史学派。他们以辩证唯物主义哲学为指导思想,研究社会、文化、历史对个体心理发展的作用,成为当代心理学中令人瞩目的一派。

2. 名词解释题

（1）发展是由一种新结构的获得或从一种旧结构向一种新结构的转化组成的过程。

（2）发展理论是论述儿童心理发展的全过程和探讨发展机制的理论。

3. 判断说明题

（1）错误。

说明:1878 年,德国心理学家冯德在莱比锡建立了第一个心理实验室,标志着科学心理学的诞生。

（2）错误。

说明:发展理论具有组织信息和指导研究的作用。

4. 简答题

（1）① 描述一个或几个心理领域的发展过程。

② 描述几个心理领域之间的变化关系。

③ 解释发展的因素(动力)和机制。

（2）① 心理的实质。

② 量变与质变。

③ 遗传与环境(或称成熟与学习)。

④ 理论自身的建设。

第二章
成熟势力学说的发展理论

一、 教材知识思维导图

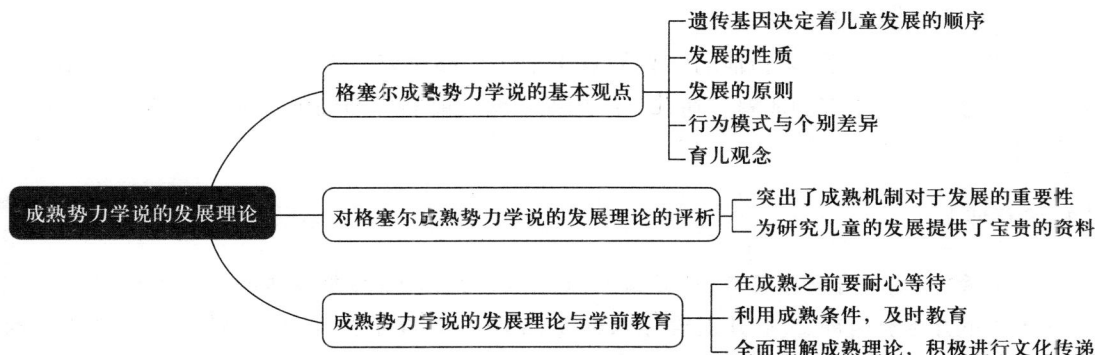

```
                                    ┌─ 遗传基因决定着儿童发展的顺序
                                    ├─ 发展的性质
                   格塞尔成熟势力学说的基本观点 ─┼─ 发展的原则
                                    ├─ 行为模式与个别差异
                                    └─ 育儿观念

成熟势力学说的     对格塞尔成熟势力学说的发展理论的评析 ─┬─ 突出了成熟机制对于发展的重要性
发展理论                                └─ 为研究儿童的发展提供了宝贵的资料

                                    ┌─ 在成熟之前要耐心等待
                   成熟势力学说的发展理论与学前教育 ─┼─ 利用成熟条件,及时教育
                                    └─ 全面理解成熟理论,积极进行文化传递
```

二、 本章重难点知识概要

　　重点知识:发展的性质,发展的原则,行为模式与个别差异,育儿观念。

　　难点知识:发展的原则(尤其是个体成熟原则和自我调解原则),行为模式与个别差异(如何正确理解行为模式与个别差异之间的关系;如何正确对待不同幼儿在发展中的个别差异)。

　　学习建议:结合当前的社会心理和教育现状去重新认识成熟势力的发展理论的科学价值和实际意义。

三、 重难点知识精讲

考点一: 格塞尔成熟势力学说的基本观点

　　"遗传决定论":儿童所具有的生理基础(如大脑及中枢神经系统)和遗传物质(指细胞

核中的基因和遗传密码)是儿童心理发展的决定性因素。

"环境决定论":儿童所处的环境、教育、社会条件是儿童心理发展的决定性因素。

格塞尔的成熟势力学说是典型的遗传决定论。格塞尔成熟势力学说的五大观点如下。

(一)遗传基因决定着儿童发展的顺序

1. 成熟的含义

格塞尔把通过基因来指导发展过程的机制定义为成熟。

2. 成熟的作用

成熟是推动儿童发展的主要动力。没有足够的成熟,就没有真正的变化,脱离了成熟的条件,学习本身并不能推动发展。

3. 观点

根据遗传决定论的观点,格塞尔认为个体的生理和心理发展,都是按基因规定的顺序有规则、有次序地进行的。

格塞尔的这一论断,来自他的经典的双生子爬楼梯研究。通过这个研究,格塞尔断定,儿童的学习取决于生理的成熟。在儿童的生理成熟之前的早期训练对最终的结果并没有显著作用。

【知识延伸】

在生活中,常常有一些父母,违背孩子的身体成长规律,总想加快孩子的身体发育。孩子一般 3 个月时会俯卧,5 个月左右可以翻身,8 个月之后才会坐和爬,到了 1 周岁才会站立。有些父母总想通过训练,让孩子直接越过"爬"的阶段学站立或走路。这种训练一旦把握不好尺度,很容易给孩子的身体带来损害,甚至会影响孩子日后的走路,出现走路不稳等情况。

【真题训练】

1. (2020.10)(单项选择题)格塞尔双生子爬楼梯试验发生在(　　　)

A. 1909 年　　　　　B. 1919 年　　　　　C. 1929 年　　　　　D. 1939 年

【答案】C

【解析】格塞尔双生子爬楼梯试验发生在 1929 年。通过这个试验格塞尔断定,儿童的学习取决于生理的成熟。在儿童的生理成熟之前的早期训练对最终的结果并没有显著作用。

2. (2020.10)(名词解释题)遗传决定论

【答案】遗传决定论,儿童所具有的生理基础(如大脑及中枢神经系统)和遗传物质(指细胞核中的基因和遗传密码)是儿童心理发展的决定性因素。

(二)发展的性质

格塞尔认为,发展的本质就是结构性的变化。结构性的变化是行为发展变化的基础。

生理结构的变化按生物的规律逐步成熟,而心理结构的变化表现为心理形态的演变,其外显的特征是行为差异。心理结构的变化的内在机制仍然是生物因素的控制。

(三) 发展的原则

1. 发展方向的原则

格塞尔发现,发展具有一定的方向性,即由上而下,由中心向边缘,由粗大动作向精细动作发展。

【知识延伸】

① 由上到下

儿童动作的发展顺序,是由上到下开始的。比如,出生7个月的婴儿手已经很灵活了,但是腿部的动作发展缓慢。婴儿学爬行的时候,先是用手臂匍匐着前行,然后才会逐渐运用下肢来爬行,这就是人们常说的"首尾规律"。

② 由中心到边缘

儿童动作的发展,是先从靠近头和躯干的动作开始,接着发展到手臂和腿的动作。比如,婴儿尝试抓取玩具,先移动肩肘,用手臂去接触玩具,然后再用手指去尝试抓取玩具,这就是人们常说的"近远规律"。

③ 粗大动作到精细动作

儿童动作的发展,是先开始粗大动作,接着开始精细动作。粗大的动作,也就是人们常说的大肌肉群动作,例如翻身、走、跑、踢等。精细动作,也就是人们常说的小肌肉群动作,例如穿衣服、翻书、穿袜子等。儿童这种动作发展的规律,就是人们常说的"大小规律"。

2. 相互交织的原则

人类的身体结构是建立在左右两侧均等的基础之上的。如大脑有左右两半球,眼有左右双目,手分左右,腿也分左右。正是这种对称的解剖结构,保证了机体平衡的活动。对称的两边需要均衡发展,才能做到有效组织和发挥有效的机能。

格塞尔相信,相互交织的原则具有广泛性,体现在各种活动之中。通过相互交织,使相互的力量在发展周期的不同阶段分别显示出各自的优势,达到互补的作用,最终把发展引向整合并达到趋于成熟的高一级水平。

但是,格塞尔又认为,并不是所有的发展都是通过相互交织达到平衡的,还存在另一种例外,这就体现在机能不对称原则上。

3. 机能不对称的原则

格塞尔注意到,对于人类而言,从一个角度面对世界可能更为有效,因而导致一只手、一只眼、一条腿比另一只手、另一只眼、另一条腿更占优势的结果。格塞尔以新生儿的颈强直反射为例说明这一原则。

4. 个体成熟的原则

(1) 内涵。格塞尔认为,个体的发展取决于成熟,而成熟的顺序取决于基因决定的时间表。

（2）表现。儿童在成熟之前,处于学习的准备状态。所谓准备,就是由不成熟到成熟的生理机制的变化过程。只要准备好了,学习就会发生。而在未准备好之前,成人应该等待儿童达到对未来学习有接受能力的水平。

（3）重要性。在格塞尔的成熟理论中,准备成了解释学习的关键。成熟在发展中起决定性作用,发展的过程不可能通过环境的变化而改变。

5. 自我调节的原则

自我调节是生命固有的能力。

研究发现,自我调节还能加强成长天性的不平衡和波动,即当儿童突然向前进入一个新领域后,又会适度退却,以巩固取得的进步,然后再往前进。"进两步,退一步,然后再进两步。"

这种进进退退的策略也表现在儿童的情感和性格特征的发展中,形成了一个有些年头发展得好些(较高些),有些年头发展得差些(较低些)的波动现象。格塞尔称之为"行为周期",2~5岁、5~10岁和10~16岁,每一阶段都有平衡与不平衡相互交替的程序。

格塞尔揭示的行为周期,为父母和教师客观理解儿童行为的阶段特征和采取正确对待的方法提供理论支持。当儿童处于发展质量较高的阶段时,对他们应要求得严格一些,而当他们处于发展质量较低的阶段时,应客观地看待他们的表现,耐心地等待他们度过这一阶段,不要急躁,不要肆意惩罚,避免伤害他们。

（四）行为模式与个别差异

1. 行为模式的内涵

行为模式,是指神经运动系统对于特定情景的特定反应。

【真题训练】

（2020.10）（单项选择题）婴儿用眼睛追随一个运动的物体,这属于(　　　)

A. 发展差异　　　B. 行为模式　　　C. 发展阶段　　　D. 发展平衡

【答案】B

【解析】婴儿用眼睛追随一个运动的物体,或用手去指一个眼前的物体,都分别属于特定的行为模式。

2. 行为模式的作用

由于有了行为模式,行为变成一个有组织的过程,使儿童外显的活动变成带有普遍性的、规律性的活动。有了行为模式,活动才能成为测量和研究的对象。

3. 行为模式与成熟的关系

1940年,格塞尔公布了格塞尔发展量表。这个量表的基本理论依据就是每一个反应都标志着一个成熟阶段的一种行为模式。由于婴儿行为系统的建立是一个有次序的过程,因此婴儿的正常行为模式也就成了智能诊断的依据。这些正常行为模式是成熟的指标,它的出现是与年龄对应的有序过程。

4. 测量个体发展水平的行为模式的主要方面

格塞尔把诊断的范围确定在动作能、应物能、语言能和应人能四个方面。

动作能又分为粗动作和细动作。

应物能是对外界刺激的分析和综合能力。应物能是后期智力的前驱。

言语能可为儿童中枢神经系统的发育提供线索。

应人能是儿童对现实社会文化的个人反应。

5. 常模

（1）常模的含义。

从测量学的角度看，常模就是成熟的指标，是特定年龄阶段中某一行为模式的平均水平。

（2）常模与标准之间的关系。

格塞尔发展量表所提供的常模并不是每一个特定年龄的发展标准，而只是某一些特定年龄的发展的平均数。

6. 个别差异

（1）个别差异是怎么形成的。

格塞尔及其同仁是这样解释的：儿童在发展质量高或发展质量低的阶段交替中，都会表现出不同的成长类型。格塞尔假设有三种成长类型，一种是成长慢的，一种是成长快的，还有一种是成长不规则的。每一个儿童总是归属于其中的一个类型。每一种成长类型在个人气质中又表现出多样性。但对于一个特定的儿童来说，由于受遗传天性如气质的影响，他进入这一阶段的时间也许会有所提前或有所推迟，而且表现出的越轨倾向也有远近。这样，在每一个发展阶段都会造成时间和程度上的差异。这些差异上的积累便形成了个别差异。

（2）如何看待个别差异。

在格塞尔及他的同仁看来，个别差异主要是量上的差异，并不是质上的差异，因为决定质的关键因素是成熟，而成熟，对于所有儿童来说，是一个受基因控制的普遍的自然浧则。在这一点上是没有差异的。

（五）育儿观念

格塞尔的发展原则，为我们提供了养育儿童的新观念。

尊重儿童的天性，是正确育儿的第一要义。

格塞尔的同事阿弥士曾向父母提出以下忠告：

（1）不要认为你的孩子成为怎样的人完全是你的责任，不要抓紧每一分钟去"教育'他。

（2）学会欣赏孩子的成长，观察并享受每一周、每一月出现的发展新事实。

（3）尊重孩子的实际水平，在尚未成熟时，要耐心等待。

（4）不要老是去想"下一步应发展什么了"。应该让你和孩子一道充分体验每一个阶段的乐趣。

所有这些忠告都建立在一个基点上,即尊重成熟的客观规律。强调这一点,并不是否认环境的作用,也不是否认教育的价值,更不是对孩子放任自流,让他们为所欲为。

【案例分析】

四岁的小明,性格有点内向,不喜欢与别的小朋友交流和玩耍,父母非常担心,于是,父母在空闲时间,经常带着小明和弟弟去郊游、参加各种活动。父母刻意与那些活泼爱动的小朋友接触,希望他们可以带着小明一起玩耍,即便小明表现出很不乐意,父母也会逼迫小明参与其中。但是,参加过多次活动后,小明还是原来的样子。

在这个案例中,小明的父母没有尊重孩子的天性,天性并没有优劣之分。案例中的孩子属于独立内向型性格,具有较强的独立思考和解决问题的能力。父母在面对这种类型的孩子的时候,在孩子成熟之前,不应过多管教,否则会扼制孩子的天性。

考点二: 对格塞尔成熟势力学说的发展理论的评析

(1)突出了成熟机制对于发展的重要性。
(2)为研究儿童的发展提供了宝贵的资料。

考点三: 成熟势力学说的发展理论与学前教育

(一)在成熟之前要耐心等待

儿童在成熟之前,成人要做的事情是等待儿童具备学习的水平和条件。生理发展是这样,心理发展也是如此。

(二)利用成熟条件,及时教育

儿童身心发展过程中的各种成熟,为教育提供了可行性。我们应该根据幼儿的成熟水平适时提出相应的要求,包括认知、情感、社会交往、语言、身体动作方面发展的要求。

1. 球类运动

儿童的动作练习和儿童的身体发育有关系,动作练习不能超前。

2. 平衡运动

成人在组织活动时,一方面要让活动符合儿童成熟的进度表,另一方面也要让儿童在活动中充分发展、提升身体的动作技能。

在不同年龄班,针对儿童身体动作的发展和需要,可以选择不同的民间体育游戏。

(三)全面理解成熟理论,积极进行文化传承

格塞尔认为,孩子在成长过程中应当学会控制自己的冲动,并逐渐合乎文化的要求。当儿童的成熟水平达到能够克制自己的能力时,他们才能真正做到自己控制自己,而不是依靠外在的压力来控制自己。

事实上,儿童的"不成熟"也被美国心理学家发掘出了它的独特价值。第一,它有适应作用。第二,它有准备作用。第三,它有可塑作用。

儿童的认知不仅包括记诵、计算,还包括注意力、观察力、思维力、想象力等。对于学前的孩子则是要做到"体、智、德、美"全面发展,让学前孩子多动手、动脑,增加自主探索的体验,自由发展兴趣爱好,自主决定学什么、怎么学。

四、 同步强化练习

1. 单项选择题

(1) 持有"儿童所具有的生理基础和遗传物质是儿童心理发展的决定性因素"这一观点的是(　　　)

A. 遗传决定论　　　　B. 环境决定论　　　　C. 经典行为主义　　　D. 认知发展理论

(2) 格塞尔成熟理论认为,对儿童成长发展起决定性作用的是(　　　)

A. 生物学结构　　　　B. 教育质量　　　　C. 家庭氛围　　　　D. 社会文化

(3) 通过双生子爬楼梯研究,格塞尔断定,儿童的学习取决于(　　　)

A. 遗传因素　　　　B. 饮食习惯　　　　C. 环境影响　　　　D. 生理成熟

(4) 格塞尔认为,推动儿童发展的主要动力是(　　　)

A. 环境　　　　B. 成熟　　　　C. 行为　　　　D. 学习

(5) "儿童先学会抬头,再会迈步",这体现的发展原则是(　　　)

A. 发展方向的原则　　B. 相互交织的原则　　C. 机能不对称原则　　D. 个体成熟原则

(6) 格塞尔把儿童机能在一侧占优势的现象称为(　　　)

A. 发展方向的原则　　　　　　　　B. 机能不对称的原则

C. 相互交织的原则　　　　　　　　D. 个体成熟的原则

(7) 儿童起先使用一只手,然后两只手一起使用,接着更喜欢使用另一只手,然后又一起使用,最后形成固定的优势手,这一现象体现了儿童发展的(　　　)

A. 发展方向原则　　　B. 相互交织原则　　C. 机能不对称原则　　D. 个体成熟原则

(8) 儿童发展中,"进两步,退一步,然后再进两步"体现的发展原则是(　　　)

A. 个体成熟原则　　　　　　　　　B. 发展方向的原则

C. 自我调节原则　　　　　　　　　D. 发展阶段的原则

(9) 在成熟理论中,婴儿的智能诊断依据是(　　　)

A. 正常行为模式　　　B. 异常行为模式　　C. 行为过程　　　　D. 行为表征

(10) 对外界刺激的分析和综合能力属于(　　　)

A. 动作能　　　　B. 应物能　　　　C. 言语能　　　　D. 应人能

(11) 格塞尔认为,正常儿童的行为发展是(　　　)

A. 高度模式化的　　　　　　　　　B. 受外部调节的

C. 后天决定的　　　　　　　　　　D. 由心理成熟决定的

（12）格塞尔既重视儿童的行为模式,还重视(　　)

A. 量变　　　　　　　B. 质变　　　　　　　C. 个别差异　　　　　D. 相互作用

2. 名词解释题

（1）成熟

（2）行为周期

（3）行为模式

3. 判断说明题

（1）格塞尔的成熟势力学说是典型的环境决定论。

（2）格塞尔认为,年龄是儿童发展变化的原因。

（3）根据格塞尔成熟理论,我们既可以用年龄来推测行为,也可以用行为来推测年龄。

4. 简答题

（1）简述成熟的作用。

（2）简述格塞尔关于儿童发展中表现出的不同成长类型。

（3）简要回答阿弥士对父母育儿观念提出的忠告。

（4）请简要评析格塞尔成熟势力学说的发展理论。

（5）"不成熟"在儿童发展中有哪些价值?

5. 案例分析题

阅读下列案例材料,然后回答问题。

某地的一位妈妈为了不让孩子输在起跑线上,5 年内花了 12 万元给儿子小明报了 17 个培训班,小明 5 岁时就学完了小学二年级的课程,小托福考试得了全国前三名。据了解,小明每周只能休息半天,每天都要学到 9 点才回家。小明上一年级时成绩非常优秀,觉得老师讲的都很简单,认为其他同学都是笨蛋。到了二年级时,小明的成绩却开始下滑,从班里的尖子生变成了中等生,渐渐地,他开始厌学、不写作业、上课走神。对于小明出现的这些问题,妈妈怎么也想不明白原因是什么。

请结合成熟势力学说,为上述案例中小明的妈妈解开疑团并提出建议。

五、 参考答案及解析

1. 单项选择题

（1）【答案】A

【考点】儿童心理发展的动力因素的观点

【解析】在心理学界对于儿童心理发展的动力因素有两种对立观点:遗传决定论认为儿童所具有的生理基础和遗传物质是儿童心理发展的决定性因素;环境决定论认为儿童所处的环境、教育、社会条件是儿童心理发展的决定性因素。

（2）【答案】A

【考点】格塞尔的成熟势力学说

【解析】格塞尔与他的同事们坚定地认为在儿童的成长和行为的发展中,起决定性作用的因素是生物学结构,而这个生物学结构的成熟取决于遗传的时间表。

（3）【答案】D

【考点】格塞尔的成熟势力学说

【解析】格塞尔认为,儿童的学习取决于生理的成熟。这一论断来自他的经典的双生子爬楼梯研究。

（4）【答案】B

【考点】格塞尔成熟势力学说的基本观点

【解析】格塞尔认为,成熟是推动儿童发展的主要动力。

（5）【答案】A

【考点】发展的原则

【解析】格塞尔发现,发展具有一定的方向性,即由上而下,由中心向边缘,由粗大动作向精细动作发展。例如,新生儿先会抬头,再会迈步等。

（6）【答案】B

【考点】发展的原则

【解析】格塞尔认为,对于人类而言,从一个角度面对世界可能更为有效,因而寻致一只手、一只眼、一条腿比另一只手、另一只眼、另一条腿更占优势的结果。即儿童机能在一侧占优势的结果,这是机能不对称的原则。

（7）【答案】B

【考点】发展的原则

【解析】儿童使用手时会有相互交替的现象,如起先使用一只手,然后两只手一起使用,接着更喜欢使用另一只手,然后两只手又一起使用,一直到形成固定的优势手(右利手或左利手)为止。

（8）【答案】C

【考点】发展的原则

【解析】自我调节是生命现象固有的能力。研究发现,自我调节还能加强成长天性的不平衡和波动,即当儿童突然向前进入一个新领域后,又会适度退却,以巩固取得的进步,然后再往前进。"进两步,退一步,然后再进两步。"

（9）【答案】A

【考点】行为模式

【解析】智能诊断就是以正常行为模式为标准进行比较,来对被检查的儿童作出客观的鉴定。

（10）【答案】B

【考点】应物能

【解析】对外界刺激的分析和综合能力属于应物能。应物能是后期智力的前驱。

（11）【答案】A

【考点】行为模式

【解析】对于一个正常的儿童来说,行为是按高度模式化的方式发展的。

(12)【答案】C

【考点】行为模式与个别差异

【解析】格塞尔在研究行为模式、归纳常模、编制量表的同时,也没有忘记个别差异。

2. 名词解释题

(1) 成熟是通过基因来指导发展过程的机制。

(2) 儿童发展中的进退策略,形成了一个有些年头发展得好,有些年头发展差些的波动现象,这就是行为周期。

(3) 行为模式是指神经运动系统对于特定情景的特定反应。

3. 判断说明题

(1) 错误。

说明:格塞尔的成熟势力学说是典型的遗传决定论。

(2) 错误。

说明:年龄本身不是发展变化的原因,但是它是一个便于观察和把握的人为的、形式的指标。

(3) 正确。

说明:格塞尔公布的格塞尔发展量表的基本理论依据就是每一个反应都标志着一个成熟阶段的一种行为模式。由于婴儿行为系统的建立是一个有次序的过程,因此婴儿的正常行为模式也就成了智能诊断的依据。这些正常行为模式是成熟的指标,它的出现是与年龄对应的有序过程。我们可以利用年龄来推测行为,也可以用行为来推测年龄。

4. 简答题

(1) 成熟是推动儿童发展的主要动力。没有足够的成熟,就没有真正的变化,脱离了成熟的条件,学习本身并不能推动发展。

(2) 格塞尔在研究行为模式中的个别差异时,认为儿童在发展质量高或低的阶段交替中,会表现出不同的成长类型,每个儿童总是归属于其中一个类型。他们假设有三种:① 成长慢;② 成长快;③ 成长不规则。

(3) ① 不要认为你的孩子成为怎样的人完全是你的责任,不要抓紧每一分钟去"教育"他。

② 学会欣赏孩子的成长,观察并享受每一周、每一月出现的发展新事实。

③ 尊重孩子的实际水平,在尚未成熟时,要耐心等待。

④ 不要老是去想"下一步应发展什么了"。应该让你和孩子一道充分体验每一个阶段的乐趣。

(4) ① 突出了成熟机制对于发展的重要性。对于年幼儿童,脱离他们的生物学特点而侈谈教育,肯定是有害的,或者说,得益是暂时的,受害是永远的。

② 为研究儿童的发展提供了宝贵的资料。格塞尔揭示并分析了儿童发展过程中行为

周期的波动现象,并在此基础上编制了格塞尔发展量表,对心理学科的理论与实践作出了巨大的贡献。

③ 对格塞尔发展理论的争议,集中在年龄常模上。该常模带有太多的一致性,而发展的事实却带有太多的多样性。

(5)① 它有适应作用。

② 它有准备作用。

③ 它有可塑作用。

5. 案例分析题

(1)小明出现问题的原因如下:

① 成熟势力学说的代表人物格塞尔认为,支配儿童心理发展的是成熟和学习两个因素,成熟是推动儿童发展的主要动力。这向我们揭示出了成熟机制在儿童身心发展程序和自我调节过程中的重要性。这一基本观点对于学前教育至关重要。在现实生活中,人们常常把学前教育与儿童身心成熟对立起来,而事实上,脱离身心发展而侈谈教育是肯定有害的,任何超越儿童生理成熟度的干预都会给儿童的正常成长发育带来近期或远期的伤害。

② 材料中小明的妈妈的做法属于超前教育,显然违背了小明的身心发展规律。小明在刚上一年级时,由于学习过这些知识而在成绩上比别的孩子优秀。但孩子因已经学会了这些知识而容易导致其在课堂上缺乏探索求知的欲望,养成听讲不专注的不良习惯。等上了二年级,小明的"老本"吃完了,加上学习欲望不强,学习习惯不好,所以学习会越来越吃力,越来越糟糕。

(2)建议:① 在成熟之前要耐心等待。儿童在认知、情感、性格的发展上,呈现出"进两步,退一步,然后再进两步"的特点。他们有加速、稳定的发展时期,也存在发展停滞甚至倒退的时期,但儿童的发展趋势始终是往前向上的。

② 利用成熟条件,及时教育。儿童身心发展过程中的各种成熟,为教育提供了可行性。家长应根据幼儿的成熟水平适时地提出适当的要求。

③ 全面理解成熟理论,积极进行文化传承。儿童的"不成熟"具有独特的价值:适应作用;准备作用;可塑作用。

第三章
行为主义发展理论

一、 教材知识思维导图

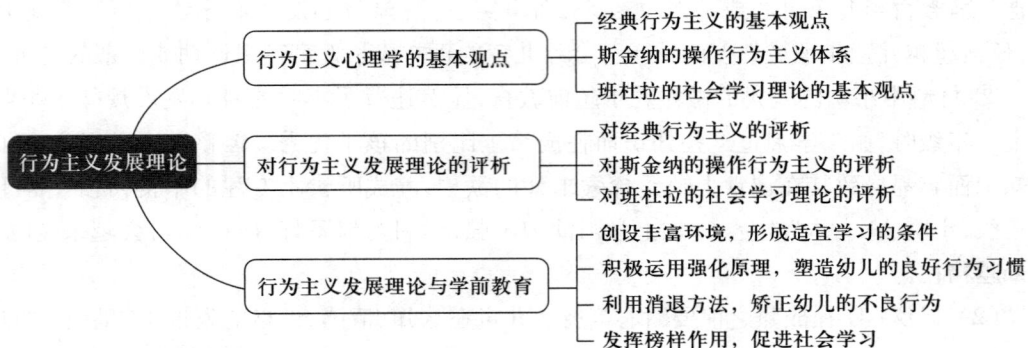

```
                              ┌─── 经典行为主义的基本观点
              行为主义心理学的基本观点 ──┼─── 斯金纳的操作行为主义体系
                              └─── 班杜拉的社会学习理论的基本观点

                              ┌─── 对经典行为主义的评析
行为主义发展理论 ── 对行为主义发展理论的评析 ──┼─── 对斯金纳的操作行为主义的评析
                              └─── 对班杜拉的社会学习理论的评析

                              ┌─── 创设丰富环境，形成适宜学习的条件
              行为主义发展理论与学前教育 ──┼─── 积极运用强化原理，塑造幼儿的良好行为习惯
                              ├─── 利用消退方法，矫正幼儿的不良行为
                              └─── 发挥榜样作用，促进社会学习
```

二、 本章重难点知识概要

重点知识：行为主义的界定，行为主义的研究方法，儿童行为的强化控制原理，儿童行为的变化，观察学习。

难点知识：行为主义的研究方法，儿童行为的强化控制原理。

学习建议：着重领会行为主义的思想方法和研究方法。

三、 重难点知识精讲

考点一：行为主义

（一）行为

华生把有机体应付环境的一切活动称之为行为。行为就是有机体用以适应环境的反应系统。这一系统,无论是简单的还是复杂的,其构成单位都是刺激与反应的联结。

(二) 刺激

外部环境或身体内部组织中的任何变化都是刺激;刺激必然属于物理的或化学的变化。

(三) 反应

1. 反应的概念

被某种刺激而引起的肌肉或腺体的运动或变化就是反应。

2. 反应的类型

第一种分类类型:(1) 明显的遗传反应,如抓握、吸吮;(2) 潜在的遗传反应,如内分泌腺的分泌;(3) 明显的习惯反应,如打球、游泳;(4) 潜在的习惯反应,如思维等。

第二种分类类型:(1) 习得的反应,包括人的一切复杂习惯和条件反射。(2) 非习得的反应,指人在条件反射和习惯方式形成之前的婴儿期所作的一切反应,如排汗、呼吸、心跳、消化、瞳孔收缩、眼睛朝向光源等。从发生的角度看,先有非习得的反应,然后才有习得的反应。

第三种分类方式是用纯逻辑的方式进行的,以引发反应的感觉器官来标志反应,如视觉的非习得的反应(朝向光源)、视觉的习得的反应(见到母亲而高兴)等。

(四) 刺激—反应

刺激和反应都属于物理变化或化学变化。华生将自己的思想简化为一个公式,便是 S—R(刺激—反应)。通过刺激可以预测反应,通过反应可以推测刺激。于是 S—R 成了行为主义理论的标记。

最基本的刺激—反应的联结称为反射。任何复杂的行为,说到底,不外乎是一套反射。有机体通过刺激作出反应,以此来达到适应。所谓适应,仅指有机体通过运动改变了它的生理状态,那个刺激不再引起反应。

考点二: 经典行为主义的标志性公式

华生认为真正的心理学研究方法应该是研究刺激与反应之间的对应关系,并通过这种关系来研究行为。用公式表示,就是:

S ————————————— R

已知的刺激　　　　　有待确定的反应

S ————————————— R

有待确定的刺激　　　　　已知的反应

S ————————————— R

已确定的刺激　　　　　已确定的反应

S-R 公式反映的是最一般的关系。其中,刺激可以替代。当一个由无条件刺激引起的反应被一个替代刺激所引起时,就形成条件反射。引起条件反射的那个替代刺激就是条件刺激。

相对于无条件刺激而言,条件刺激在数目上是巨大的。不仅刺激可以替代,反应也可以替代,或者说条件化。反应的替代(反应的条件化)在所有动物的一生中都会发生。例如一个儿童见到一只小狗会伸手去抚摸,但有一日他的手被狗咬了一下,以后,他见到狗不再抚摸,而是退缩、尖叫,也就是说反应被替代了。

考点三：行为主义的思维

（一）华生界定的思维与言语

华生把思维和言语画上等号,认为言语是有声的思维,思维是当关闭嘴巴后内隐地运作的言语,即是无声的言语。不同的思维,究其实质,只不过是不同的言语形式。

（二）思维的分类

华生按不同的言语形式将思维划分为三类：

（1）习惯的思维。这种思维应用完全习惯化了的言语,适用于人所熟悉的材料,如浏览一段熟悉的乐谱。无论何种学习都不会涉及这种思维。

（2）无声的思维。需要在一定的程度上使用内隐的言语进行联系或复习的思维,称作无声的思维。在这种思维中,需要对一种从未获得或虽已获得但因时间久远而变得生疏了的言语功能加以内隐地练习。

（3）计划性思维(亦称建设性思维)。当一个人置身于新环境或面临新问题时,会发动一系列紧张的言语活动,同时表现出一系列尝试的行为,直到解决问题。这种新情境或新问题具有很大的偶发性。一个人一旦解决了这个新问题后,通常不必以同样的方式再次面对它们。

（三）"动作行为言语化"

言语、动作和内脏组织三者同等重要,但由于人们主要是靠言语来协调的,因此,言语组织很快占了优势。具有这种优势的言语组织不久便开始刺激和控制胳膊、腿和躯干组织。这就是所谓的"动作行为言语化"。

（四）思维的机制

行为主义不承认思维是脑的机能,而认为它是全身肌肉,特别是喉头肌肉的内隐活动,基本上与打网球、游泳或任何其他身体活动没有本质上的区别。只不过思维比其他活动更难以观察、更复杂、更浓缩而已。

从发生的角度看,儿童的思维是从对白开始的,以后逐渐发展到嘴唇的微弱活动,最后变成无声的言语活动。思维的高级形式,包括创造性活动,也都是言语活动,只不过其水平更高些罢了。

【真题训练】

（2021.10）（单项选择题）在华生看来，儿童的言语在思维中很快占据了优势，并开始刺激和控制胳膊、腿和躯干组织，这就是所谓的（　　　　）

A. 动作行为言语化　　　　　　　　B. 无声的思维

C. 计划性思维　　　　　　　　　　D. 内脏组织行为化

【答案】A

【解析】言语、动作和内脏组织三者同等重要，但由于人们主要是靠言语来协调的，因此，言语组织很快占了优势。具有这种优势的言语组织不久便开始刺激和控制胳膊、腿和躯干组织。这就是所谓的"动作行为言语化"。

考点四：行为主义的习惯

（一）习惯的本质

华生认为，一个人的习惯是在适应外部环境和内部环境过程中学会更快地采取行动的结果。习惯的形成，实质上是形成了一系列的条件反射。因此，条件反射是习惯的单位。当一个复杂的习惯被完全分解之后，这个习惯的每个单位就是一种条件反射。

（二）影响习惯的因素

（1）年龄。华生特意指出，人类停止学习的时间太早，在条件优裕的情况下，人很容易满足现状，不再迫使自己学习。他相信，"如果形势很急迫，60岁、70岁，甚至80岁的人也能学习"。

（2）练习的分配。华生通过实验发现，在限定时间内练习的次数越少，每一练习单元的效率就越高。华生主张分散学习，不主张集中突击训练。即使在一个较短的时间内集中学习，也应该在中间留出一段间隔时间来，这样会取得惊人的学习效果。

（三）动觉习惯

条件反射的第二阶段：习惯形成并巩固之后，实际的视觉、听觉、嗅觉和触觉等刺激就会变得越来越不重要。

动觉习惯（或称肌肉习惯），指习惯了的动作本身（动觉刺激）足以引起下一个运动反应，而下一个运动反应又引起再下一个运动反应，肌肉不仅是"反应的器官"，而且也成了"感觉的器官"。

考点五：行为主义的情绪

（一）华生对情绪的解释

华生认为，"情感组织与其他习惯一样，在起源和趋势上隶属于同样的规律"。情绪是身体对特定刺激作出的反应。

（二）非习得情绪的分类

对于婴儿来说，具有三种非习得的情绪反应：惧、怒和爱。

华生强调情绪是一种"模式反应"。儿童具有三种情绪的基本模式：

（1）惧。突然的巨响和身体突然失去平衡是引起惧怕的直接刺激。

在环境之中，儿童经过条件反射能形成习得性惧怕，如怕陌生人、怕狗、怕黑暗、怕打针、怕挨打等。

（2）怒。身体运动受阻是引发"怒"的反应的刺激。这个反应可以在呱呱坠地的新生儿身上观察到，而在 10~15 天的婴儿身上更容易看到。发怒的通常表现是整个身体僵硬，双手、双臂、双腿乱舞，屏息，哭叫，脸色发青等。

（3）爱。华生认为，产生爱的反应的刺激包括皮肤抚摸、挠痒、轻轻地摇晃、轻轻地拍打。通过刺激"性感带区域"，如嘴唇、乳头、性器官等特别容易唤起这种反应。

综上所述，儿童所具有的三种非习得情绪是以后在环境中发展为习得情绪的基础，而导致情绪发展的机制便是条件反射。

（三）华生对保护儿童情绪的观点和做法

华生特别重视受褒扬儿童的情绪。儿童常常因受到不良照料而引起啼哭，保护儿童情绪除了避免啼哭外，还包括科学地植入某些消极情绪，以便对有机体形成保护。华生认为，我们的文明是建立在"不"和许多戒律之上的，以顺应方式生活于这种文明之中的个体，必须学会遵从这些戒律和"不"。消极反应必须尽可能在心智健全的状态下建立起来，而不涉及强烈的情绪反应。但华生又进一步强调，消极反应不应使用体罚来建立，他明确指出"对儿童惩罚肯定不是一种科学方法"。

【真题训练】

（2019.10）（单项选择题）华生认为，情绪是一种（   ）

A. 生理反应   B. 模式反应   C. 神经反应   D. 环境反应

【答案】B

【解析】华生强调情绪是一种"模式反应"。儿童具有三种情绪的基本模式：惧、怒、爱。

考点六：行为主义的人格

（一）人格与习惯系统的关系

华生认为，"人格由占支配地位的习惯所构成"，"通过对能够获得可靠信息的长时行为的实际观察而发现的活动之总和。换言之，人格是我们习惯系统的最终产物"。

人格中的某一个系统如何支配人的行为，受环境的影响。

（二）如何研究一个人的人格

华生认为,要研究一个人的人格,就要对一个人的全部生活——包括过去和现在的行为进行细致的观察。对一个人的过去和现在的知识掌握得越多,分析也就会越正确。

（三）改变人格的途径

在华生看来,人格是由环境中的行为习惯形成的。自然也可以由改变环境来改变人格。华生认为,"彻底改变人格的唯一途径就是通过改变个体的环境来重塑个体,用此方法使新的习惯加以形成。他们改变环境越彻底,人格也就改变得越多。"当然,在一般情况下,一个人很少能独立地改变环境,因而人格才具有相对的稳定性。但是,当人碰上重大事变,如足以改变人的处境的天灾人祸、健康状况的事变等,使人的习惯系统打破了常规,人们就不得不学会重新适应不同于过去的环境,这就会启动一个人新人格的塑造。在新的习惯系统的形成过程中,旧的习惯系统开始消退。

【真题训练】

(2018.10)(单项选择题)华生认为,人格是由我们的系统构成的,这一系统是(　　　)

A. 环境系统　　　　　B. 能力系统　　　　　C. 知识系统　　　　　D. 习惯系统

【答案】D

【解析】华生认为,"人格由占支配地位的习惯所构成","通过对能够获得可靠信息的长时行为的实际观察而发现的活动之总和。换言之,人格是我们习惯系统的最终产物"。

考点七：斯金纳的操作行为主义

（一）操作行为主义的含义

（1）操作行为是自发的而决不是由刺激引发的。

（2）操作性行为的研究不去考察那些机体内部可能会影响行为发生但又无法直接确定的因素。

（3）操作性行为不是一个单独的反应,而是一类反应。

（二）操作行为主义的行为分类

（1）应答性行为,或应答性学习。这就是经典行为主义和条件反射中由刺激引起的反应行为。"应答"是由一种确定的刺激所激发的行为。它可以是无条件反射,也可以是条件反射。

（2）操作性行为,或操作性学习。操作性行为不是由刺激激发,而只是有机体自身时不时地发出的行为。在一个操作性行为发生之后,如果有一个作为强化物的事件紧随其后发生(称为"强化依随"),那么这一操作性行为发生的概率就可能提高。被强化了的操作性行为在类似的环境中再度发生的可能性大大增加。所有的行为,不管是习得的,还是非习得的,都是个体的强化与其遗传素质的产物。

【真题训练】

(2020.10)(单项选择题)斯金纳将行为分为两类,即应答性行为和(　　　)

A. 文化性行为　　　　B. 神经性行为　　　　C. 本能性行为　　　　D. 操作性行为

【答案】D

【解析】斯金纳将行为分为两类,即应答性行为和操作性行为。应答性行为,是经典行为主义和条件反射中由刺激引起的反应行为。操作性行为不是由刺激激发,而只是有机体自身时不时地发出的行为。

考点八:强化

(一)强化的定义

强化,是操作行为主义的核心概念。所谓强化,是使有机体在学习过程中增强行为发生频率的刺激。

(二)强化的分类

强化有连续强化与间歇强化、固定强化与偶然强化之分。

1. 连续强化与间歇强化

连续强化指强化物连续多次地反复出现,对每一个合乎要求的正确反应都给予强化。

间歇强化,又称部分强化,指仅对一部分正确反应予以强化。一般说来,间歇的程度不能使强化的比率低于25%。

2. 固定强化与偶然强化

固定强化指当被试出现所期望的反应时,主试按固定时距予以强化。时距由主试随意决定。

偶然强化指反应与强化物之间的结合是偶然形成的。

(三)正强化与负强化

所谓积极强化(又称正强化),是由于一个刺激的加入而增强了某一个操作性行为发生的概率。

所谓消极强化(又称负强化),是由于一个刺激的排除而加强了某一个操作行为发生的概率。

消极强化作用不同于惩罚。消极强化是为了增强行为、激励行为,而惩罚是为了消除行为,两者目的不同。有时在惩罚之后反应会暂时地得到压制,但并不带来消退过程中反应总次数的减少。因此,斯金纳建议以消退取代惩罚的方法,提倡发挥强化的积极作用。

【知识延伸】

如何使用积极强化？

通常,一个简单的手势或一个细微的动作都可以表达对孩子的鼓励。

（1）轻轻地拍一拍孩子的肩膀。

（2）竖起大拇指,表达对孩子进步的称赞。

（3）经常向孩子展示微笑。

（4）经常性地抱一抱孩子。

（5）用一些特定的短语对孩子的所为表示赞赏。如:"我为……感到骄傲""……我感到很高兴"等。

考点九：行为塑造

（一）概念

斯金纳把人们想要的操作性行为逐渐习得的过程称作"塑造",又称接近法。

（二）操作行为的计量单位

操作性行为的计量单位是反应率,因此,观察反应率就可以确定行为的方向。

（三）研究儿童行为的四种条件变化

为了控制儿童的行为,研究工作要具体地考虑四种条件的变化:

（1）第一基线,即儿童在实验操作以前的状态。

（2）第一实验期,即给予一定的刺激。

（3）第二基线,即取消第一实验期所给予的刺激,以检查第一实验期的作用。

（4）第二实验期,将第一实验期给予的刺激再度施予儿童,从而确定第一实验期所给予的刺激的作用。

考点十：班杜拉的社会学习理论的基本观点

（一）观察学习

所谓观察学习,亦称为替代学习,班杜拉把它定义为:"即经由对他人的行为及其强化性结果的观察。一个人获得某些新的反应,或现存的行为反应特点得到矫正。同时在这一过程中,观察者并没有外显性的操作示范反应。"也就是通过观察他人（范型或称榜样）所表现的行为及其结果而习得新行为。

班杜拉把他人所接受的强化对学习者本人的影响称为"替代强化",而学习者通过别人的行为和结果的观察所完成的学习又称为"无尝试学习"。

（二）观察学习的过程

观察学习是一个从他人身上获得信息的普遍的过程。这个过程，包括注意、保持、运动复现、强化和动机4个组成部分。

1. 注意过程

注意过程是学习者在环境中的定向过程。在大量的范型（榜样）的包围之中，学习者观察什么，模仿什么是由注意决定的。影响注意过程的因素包括观察者本人的特征，范型的活动特点，范型所具有的成功、威望、权利的装饰及其他引人注意的特性等。

2. 保持过程

当观察者吸收了榜样的行为之后，要成功地模仿一个行为模式，就必须先在头脑中保持所见内容的符号形式。这种符号形式既可以是视觉表象，也可以是符号转换。

视觉表象是将发生在一起的刺激加以联合，形成榜样行为的完整视觉表象。当范型不在面前时，也能依靠视觉表象的回忆，对榜样行为加以模仿。5岁以下的幼儿，主要依靠视觉表象来保持所观察到的行为。

班杜拉有关符号转换的观点，最典型地反映了他受到认知心理学的影响，正视记忆对行为的作用。

3. 运动复现过程

要将范型的示范转化为相应的行为，必须有一定的运动技巧。在观察学习中，人们首先要依靠示范掌握行为的要领，然后在实际中尝试复现。最初的尝试可能会有失误，但经过精心的练习和自我调整，模仿动作会变得越来越准确。运动复现除了技巧外，还要有一定的体力作保证。

4. 强化和动机过程

班杜拉认为，新反应的习得与新反应的操作是有区别的。一个人可以通过观察学习获得新行为，但他可能去操作这一新行为，也可能不去操作新行为。这就要取决由强化引起的动机作用。

强化除直接强化外，还有替代强化，即榜样行为的强化对观察者也是有效果的。此外，强化还可以是自我强化，即自己对自己的行为加以肯定和奖励。

以上4个过程是不可分割的，尤其是强化过程直接影响着人所注意的对象，对其他过程有不可分离的影响。

（三）观察学习的模式

（1）行为模式。通过范型的操作而形成有系统的活动，以此向学习者传递动作的模式，称为行为模式。

（2）言语模式。通过言语指导或指示来传达榜样行为的模式，称为言语模式。

（3）象征模式。通过各种媒体，如电视、广播、电影、小说等，象征性地传递榜样行为的模式，称为象征模式。

（4）抽象模式。通过榜样的多种行为,让学习者从中接受指导这些行为的原理和规则的模式,称为抽象模式。

（5）参照模式。在传递抽象概念和较难操作的内容时,附加呈现一些具体的有助于学习者模仿的参考事物和活动的模式,称为参照模式。

（6）参与性模式。通过观察示范和仿照参与活动以加快榜样行为的传递速度和提高模仿水平的模式,称为参与性模式。

（7）创造模式。观察者将自己所观察到的各种榜样行为加以组合,形成新的行为,称为创造模式。

（8）延迟模式。观察榜样示范后得到的印象,经过一段时间后,仍能再现示范行为的模式,称为延迟模式。

【真题训练】

（2019.10）（单项选择题）观察者将自己所观察到的各种榜样行为加以组合,形成新的行为,这是观察学习的（　　　）

A. 行为模式　　　　　　B. 象征模式　　　　　　C. 参照模式　　　　　　D. 创造模式

【答案】D

【解析】观察者将自己所观察到的各种榜样行为加以组合,形成新的行为,称为创造模式。

考点十一：社会学习的研究

如同早期社会学习重点研究社会化一样,班杜拉也十分重视社会学习在社会化过程中的作用,对攻击性、性别作用、自我强化和亲社会行为等进行了专题研究。

1. 攻击性

班杜拉认为,攻击性的社会化是一种操作性反应。如果攻击性是采用社会允许的方式来表达,如打球、射击等运动,就会得到成年人的鼓励。如果攻击性是采用社会不允许的方式来表达,如打人、骂人、破坏财产等,就会受到制止、批评,甚至惩罚。所以,儿童在观察攻击的模式时,会注意什么样的攻击行为会被强化。凡是得到强化的模式便会增强模仿。

在一系列实验研究的基础上,班杜拉对攻击性行为的起因,提出了以下观点：

（1）当个体有攻击倾向时,任何一种情绪状态的唤醒都可能触发攻击性行为。

（2）情绪状态的唤醒具有诱发攻击性行为的可能,但情绪唤醒状态的减弱也有助于降低攻击性行为发生的可能。情绪状态的减弱有两种途径,一是通过攻击性行为发生的本身,二是通过认知因素。

（3）班杜拉认为,接触或观察到的攻击性行为能增加观察者的攻击倾向。

影响攻击性行为的观察学习受三个方面的影响,包括家庭、社区文化氛围和信息传播工具的影响。

2. 亲社会行为

亲社会行为通过呈现适当的模式能够施加影响。班杜拉认为,亲社会行为靠训诫是没有效果的,有时,强制的命令可能会奏效一时,但不会持久。只有范型的影响才是有力的持久的因素,这就是我们通常所说的,"榜样的力量是无穷的"。

【案例分析】

榜样的力量是无穷的

由于忙了一夜,就没有看天气预报,早上出门的时候,还没下雨,王老师就没带雨伞。但是,到了下班的时候,却下起了小雨。王老师站在教室门口无奈地说道:"哎呀,没带雨伞!"正好走过来的萌萌小朋友听到了老师的话,于是对老师说道:"老师,我家就在幼儿园附近,我回家后,给您送个雨伞来吧。"

听了萌萌小朋友的话,王老师非常感动,摸着萌萌的小脑袋说道:"不用了,谢谢你。"萌萌却说道:"上次也是下雨天,妈妈和爸爸没来接我,是您把我送回家的,我这样做是应该的。"

这就是榜样的力量,榜样的力量是无穷的。老师的言行和举动,会给孩子带来深刻的影响。

3. 行为的决定因素

虽然社会学习理论赞同环境对人的行为有重大的决定作用,但环境不是单一地起作用。内部学习还包括人、人的行为和环境三个因素,它们相互影响,班杜拉称之为"相互决定"。

对于人、行为和环境三者的"相互决定"论以及人通过自己的行为创造环境的说法,是班杜拉的社会学习理论对传统行为主义(学习论)的重要突破,也是他的重要理论贡献。

【真题训练】

(2018.10)(单项选择题)以下不属于班杜拉"攻击实验"电影中攻击行为的结果是(　　)

A. 攻击—奖赏型　　　　　　　　B. 攻击—惩罚型

C. 无结果型　　　　　　　　　　D. 无攻击—奖赏型

【答案】D

【解析】电影中攻击行为的结果分三种,第一种是攻击—奖赏型,即攻击者受到"勇敢的优胜者"赞扬并奖给巧克力、汽水等。第二种是攻击—惩罚型,即攻击者被斥为"大暴徒",畏缩地逃走。第三种无结果,即既未得到奖赏,也未得到惩罚。

考点十二:对行为主义发展理论的评析

(一)对经典行为主义的评析

华生创立的行为主义,称之为经典行为主义。经典行为主义的兴起和延续,对心理学的发展具有重大的贡献。

（1）使心理学从哲学的边缘跳入科学之林。

（2）使心理学研究从主观内省转入客观经验研究。

（3）使心理学走出学院的围墙进入广泛的实用领域。

（4）对儿童心理和教育提供了有益的指导原则。

但是，华生的行为主义同样也具有不可避免的局限性。

（1）华生的行为主义从根本上削弱了心理学学科的生命力。

（2）华生强调客观的、实证的、可重复的经验研究，排斥任何形式的内省，不可避免地造成研究方法的单一，不利于心理学的研究。

（3）华生过于强调环境和教育的决定性作用，并不符合儿童发展的规律和整个心理科学的事实。

（二）对斯金纳的操作行为主义的评析

（1）斯金纳的操作性行为的概念，丰富了华生的 S-R 公式的内容。

（2）斯金纳的新行为主义立场比早期行为主义更坚定。

（三）对班杜拉的社会学习理论的评析

（1）班杜拉从人的社会化角度研究学习问题，指出观察学习的重要性，改变了过去的学习理论重个人轻社会的理论倾向，使学习理论更加贴近儿童真实的学习过程。

（2）班杜拉认为，人的行为变化，是人的行为与环境相互决定的结果，既不能把人的行为变化仅仅归结为环境因素，也不能仅仅归结个人的内在因素，这种相互决定的观点在相当程度上反映了人类学习的特点。这一点，比早期行为主义和斯金纳的操作行为主义更科学。

（3）班杜拉的研究内容也更具有社会针对性，表现出一个心理学家的社会责任，受到社会各界的重视。

考点十三：行为主义发展理论与学前教育

（1）创设丰富环境，形成适宜学习的条件。

（2）积极运用强化原理，塑造幼儿的良好行为习惯。

（3）利用消退方法，矫正幼儿的不良行为。

（4）发挥榜样作用，促进社会学习。

四、同步强化练习

1. 单项选择题

（1）（2014.10）行为主义心理学的创始人是（   ）

A. 斯金纳　　　　B. 华生　　　　C. 班杜拉　　　　D. 巴普洛夫

（2）打球和游泳属于（　　）

A. 明显的遗传反应 　　　　　　　　　　B. 潜在的遗传反应

C. 明显的习惯反应 　　　　　　　　　　D. 潜在的习惯反应

（3）华生坚持并广泛使用的研究方法是（　　）

A. 观察法 　　　　B. 文献法 　　　　C. 实验法 　　　　D. 调查法

（4）华生认为，真正的心理学研究方法应该是研究刺激与反应之间的对应关系，并通过这种关系来研究（　　）

A. 意识 　　　　B. 行为 　　　　C. 动作 　　　　D. 思维

（5）华生按不同的言语形式将思维划分为习惯的思维、无声的思维和（　　）

A. 阶段性思维 　　B. 反应性思维 　　C. 计划性思维 　　D. 创造性思维

（6）华生认为，要想使每一练习单元的效率越高，那么在限定时间内练习的次数应（　　）

A. 递增 　　　　B. 适量 　　　　C. 越少 　　　　D. 越多

（7）华生特别强调儿童情绪发展的主要环境是（　　）

A. 学校 　　　　B. 社区 　　　　C. 家庭 　　　　D. 社会

（8）华生认为，婴儿的惧、怒、爱这三种情绪反应是（　　）

A. 遗传的 　　　　B. 非习得的 　　　　C. 非遗传的 　　　　D. 习得的

（9）斯金纳认为与任何习得行为有关的是（　　）

A. 积极强化 　　B. 及时强化 　　C. 消极强化 　　D. 连续强化

（10）程序教学法没有体现斯金纳的（　　）

A. 逐渐塑造原则 　B. 小步子前进原则 　C. 主动参加原则 　D. 及时反馈原则

（11）班杜拉认为，儿童习得新行为通过（　　）

A. 模仿学习 　　B. 观察学习 　　C. 操作学习 　　D. 探究学习

（12）班杜拉认为，榜样行为的强化对观察者的效果称为（　　）

A. 交替强化 　　B. 间断强化 　　C. 间接强化 　　D. 替代强化

（13）幼儿学习舞蹈时主要采用的是（　　）

A. 行为模式 　　B. 参与性模式 　　C. 创造模式 　　D. 参照模式

2. 名词解释题

（1）消极强化

（2）积极强化

（3）塑造

（4）程序教学法

3. 判断说明题

（1）华生把有机体应付环境的一切活动称为行为。

（2）华生认为，一个人在生理学和动物心理学方面接受简单的训练，就可以对婴儿开展研究工作。

（3）行为主义认为思维是脑的机能。

（4）斯金纳建议,以消退取代惩罚的方法,提倡发挥强化的积极作用。

（5）班杜拉认为,观察者本身的特征是制约注意过程的诸因素中最为重要的因素。

4. 简答题

（1）斯金纳的操作行为主义与其他操作行为主义者对行为的定义相比有哪三个特点?

（2）在实验时,为了控制儿童的行为,研究工作要具体考虑哪四种条件的变化?

（3）简述观察学习的模式。

5. 论述题

(2018.10)基于班杜拉社会学习理论,阐述影响儿童攻击性行为的观察学习因素。

6. 案例分析题

(2017.10)阅读下列案例材料,然后回答问题。

思明是个比较好动的小男孩,喜欢看动画片《西游记》,但他常常不按老师的"规矩"行事,他的评比栏上没有一颗星星。这天,老师上课的内容是童谣《西游记》,思明听得特别认真,边学童谣边做里边角色的动作。当张老师邀请小朋友来表演这首童谣时,思明立即跑上来,说:"老师,我来,我来!"张老师示意大家坐端正,说:"谁坐好了就请谁来。"思明立马坐正举手,他的身子有些前倾,手举得比别人都高,眼神急切。他获得了张老师的允许,表演得很生动。张老师立即表扬他:"今天思明小朋友学得可认真啦,他的表演也很生动,还学会了举手示意,真棒! 我要奖励他一颗学习之星,大家为他鼓掌!"思明从张老师手中接过星星,小心地贴在评比栏上自己的名字后面。这是他第一次得到"学习之星"。一直到该活动结束,他都积极地参与表演,并遵守了规则。

结合强化原理,分析上述案例中张老师如何塑造思明的良好行为习惯。

五、 参考答案及解析

1. 单项选择题

（1）【答案】B

【考点】华生

【解析】行为主义心理学的创始人是美国心理学家华生。该理论后来由斯金纳和班杜拉发展成新行为主义,在理论和实践上都有重大发展。

（2）【答案】C

【考点】人的反应

【解析】人的反应分为:①明显的遗传反应,如抓握、吸吮;②潜在的遗传反应,如内分泌腺的分泌;③明显的习惯反应,如打球、游泳;④潜在的习惯反应,如思维等。

（3）【答案】A

【考点】华生的研究方法

【解析】观察法是华生坚持并广泛使用的研究方法。他深入产科医院设置观察室,深入孤儿院观察,深入上层社会的家庭观察。

(4)【答案】B

【考点】经典行为主义的基本观点

【解析】华生认为,真正的心理学研究方法应该是研究刺激与反应之间的对应关系,并通过这种关系来研究行为。

(5)【答案】C

【考点】行为主义的思维

【解析】华生按不同的言语形式将思维划分为习惯的思维、无声的思维和计划性思维。

(6)【答案】C

【考点】影响动作习惯形成的因素

【解析】华生通过实验发现,在限定时间内练习的次数越少,每一练习单元的效率就越高。

(7)【答案】C

【考点】行为主义的情绪

【解析】华生特别强调家庭是儿童情绪发展的主要环境。

(8)【答案】B

【考点】非习得的情绪反应

【解析】对于婴儿来说,具有三种非习得的情绪反应:惧、怒和爱。

(9)【答案】B

【考点】及时强化

【解析】斯金纳认为,人的行为大部分是操作性的,任何习得行为,都与及时强化有关。强化,是操作行为主义的核心概念。因此,可以通过强化来塑造儿童的行为。

(10)【答案】A

【考点】程序教学法

【解析】斯金纳主张采用程序教学法来替代传统的教学。这种程序教学法体现了斯金纳的三个原则:小步子前进原则、主动参加原则、及时反馈原则。

(11)【答案】B

【考点】班杜拉的社会学习理论的基本观点

【解析】班杜拉认为,儿童通过观察学习而习得新行为。

(12)【答案】D

【考点】替代强化

【解析】强化除直接强化外,还有替代强化,即榜样行为的强化对观察者也是有效的。

(13)【答案】B

【考点】参与性模式

【解析】参与性模式强调观察行为与模仿行为互换,边看边做,边做边看直到模仿成功。幼儿学习舞蹈时,主要采用这一模式。

2. 名词解释题

（1）所谓消极强化（又称负强化），是由于一个刺激的排除而加强了某一个操作行为发生的概率。

（2）所谓积极强化（又称正强化），是由于一个刺激的加入而增强了某一个操作性行为发生的概率。

（3）操作性行为不是一蹴而就的，它需要一点一滴地逐渐习得，斯金纳把"人们将想要的操作性行为逐渐习得"的过程称作"塑造"，又称接近法。

（4）程序教学法是应用小步子渐进和及时强化的原理，通过教学机器把复杂的问题分解为一系列小的、易懂的问题，一步一步地呈现给学生，如果学生的回答与机器所呈现的正确答案相符，机器会接着呈现下一问题。依次回答所有问题之后，再回过头来重新解决这个程序中的问题，并改正先前回答中的错误，经过多次反复，直到学生完全掌握程序中的所有材料为止。

3. 判断说明题

（1）正确。

说明：华生把有机体应付环境的一切活动称为行为。行为就是有机体用以适应环境的反应系统。这一系统，无论是简单的还是复杂的，其构成单位都是刺激与反应的联结。

（2）错误。

说明：华生认为，一个人在生理学和动物心理学方面尚未接受相当多的训练之前，是不该试图对婴儿开展研究工作的。

（3）错误。

说明：行为主义不承认思维是脑的机能，而认为它是全身肌肉，特别是喉头肌肉的内隐活动，基本上与打网球、游泳或任何其他身体活动没有本质上的区别。

（4）正确。

说明：消极强化作用不同于惩罚。有时在惩罚之后反应会暂时地得到压制，但并不带来消退过程中反应总次数的减少。因此，斯金纳建议以消退取代惩罚的方法，提倡发挥强化的积极作用。

（5）错误。

说明：班杜拉认为，人际关系的模式是制约注意过程的诸因素中最为重要的因素。这一点集中体现出班杜拉的社会学习理论的社会性，也集中地反映出社会学习理论与经典行为主义的 S-R 单个刺激、单个反应的不同。

4. 简答题

（1）① 操作行为是自发的而决不是由刺激引发的。

② 操作性行为的研究不去考察那些机体内部可能会影响行为发生但又无法直接确定的因素。

③ 操作性行为不是一个单独的反应，而是一类反应。

（2）① 第一基线，即儿童在实验操作以前的状态。

② 第一实验期,即给予一定的刺激。

③ 第二基线,即取消第一实验期所给予的刺激,以检查第一实验期的作用。

④ 第二实验期,将第一实验期给予的刺激再度施予儿童,从而确定第一实验期所给予的刺激的作用。

(3)① 行为模式。② 言语模式。③ 象征模式。④ 抽象模式。⑤ 参照模式。⑥ 参与性模式。⑦ 创造模式。⑧ 延迟模式。

5. 论述题

(1)观察学习是通过观察他人所表现出的行为及其结果而习得新行为。观察学习理论对攻击性的形成具有良好的解释性。班杜拉认为,攻击性的社会化是一种操作性反应。如果攻击性是采取社会允许的方式来表达,如打球、射击等就会得到成年人的奖励;如果是社会不允许的方式,如打人、破坏等,就会受到批评、惩罚等。儿童在观察攻击的模式时,会注意什么样的攻击行为会被强化,凡是得到强化的模式便会增强模仿。

(2)班杜拉认为,影响攻击性行为的观察学习受家庭、社区文他及信息传播工具的影响。第一,家庭成员的攻击性行为是影响儿童攻击性行为的最主要来源。不良的家庭关系氛围和家庭教育方式,往往为儿童提供了足够的攻击性行为的榜样。第二,社区文化氛围也是影响攻击性行为的重要来源。在一个把攻击性行为视为保护个人利益有效手段的区域内,攻击性行为比例会升高。第三,大众传媒的榜样作用对儿童的攻击性行为的影响越来越明显。电视、网络、电脑等新旧媒体越来越多地影响到了儿童的攻击行为。

6. 案例分析题

(1)斯金纳认为,人的行为大部分都是可操作性的,任何习得行为,都与及时强化有关。如果行为的结果受到强化,行为的出现概率就会增加。基于此原理,良好行为的建立就应该运用强化的原理,激励儿童逐步学习社会所认同的行为方式。

(2)基于该原理的表扬或奖励,被很多教育工作者和家长认为是最有效的教育方法。也有人认为,奖励是教给儿童在特定的环境中,什么是适宜行为的最快捷和最有效的方法。而行为代币法则是塑造孩子行为的重要方法。

(3)上述案例中的幼儿平常不易遵守班级活动规则,在偶然活动中,受兴趣的驱使而主动参与活动,在老师的提示下遵守活动的规则,并即刻获得了代币"学习之星"。这是一次有效的运用代币的及时强化。

(4)幼儿表现出所要强化的行为之后,教师立即给予代币,并向幼儿陈述给予代币的理由,让这名幼儿清楚地看到了代币与行为之间的直接联系,从而促进该行为的出现。同时,教师对该幼儿的评价是具体的,包括"学得认真、表演生动、举手示意"三个方面的内容,这让幼儿清楚地理解了在学习活动中应该坚持良好的行为。

第四章
精神分析学说的发展理论

一、 教材知识思维导图

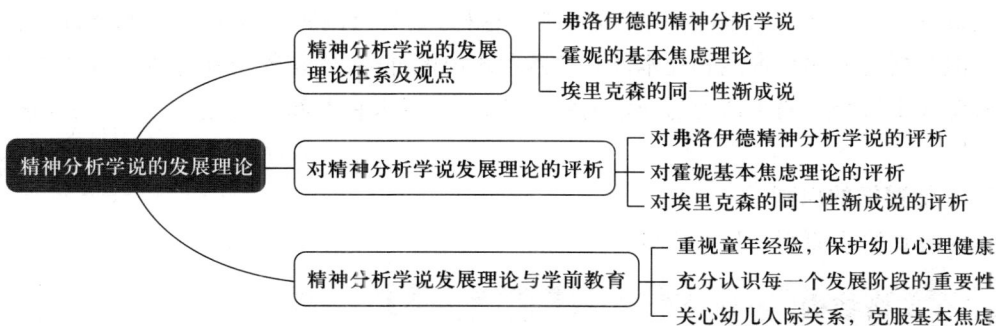

二、 本章重难点知识概要

重点知识:精神分析学派的儿童心理发展的阶段理论,儿童的基本焦虑,早期经验的重要性,同一性及其发展。

难点知识:人格结构及其相互影响,同一性及其发展。

学习建议:精神分析学说是一个典型的发展理论。学生应理解该学说概念的奇特性,正确认识精神分析学说的理论意义和实际价值。着重领会精神分析学说对儿童早期经验重要性的论述。

三、 重难点知识精讲

考点一: 本能与力比多

(一) 力比多

力比多和饥饿相同,是一种力量,本能(性本能和营养本能)就是借这个力量以达到其目的的。力比多是游离不定的和不可摧毁的。在常态心理中,它可以发泄在正当的性欲活动中,但在性生活失常的情况下,它可以泛滥依附在别的活动上。

在人的生活中,力比多既可以在性生活中直接表现为性欲,也可能被压抑在潜意识之中,只有在梦中或神经病症中得到表现,还可以转化为社会赞同的高级文化活动,如艺术、科学和哲学,这就叫升华。

（二）本能

1. 含义

本能是有机体生命中固有的一种恢复事物早先状态的冲动。

2. 本能的分类和演变

弗洛伊德的早期理论称,本能分为性本能和营养本能两类。后期,他修改了早先的说法,提出生本能与死本能的概念。

生命具有趋向死亡的本能,叫作死本能。这样,人具有两种相互冲突的本能,即由原先的性本能扩展而成的生本能和死本能。这两种本能的冲突,体现着精神分析学说的精髓,冲突的来源在于每个人的生命力与死亡力的斗争,一个寻求长寿和种族延续,一个则寻求归复于死亡。

3. 本能遵循的原则

本能遵循快乐原则和现实原则。

考点二：人格结构

（一）本我

本我是最原始的系统,它处于思维的初级过程,是无意识的、非理性的、难以接近的部分。它包括人类本能的性的内驱力和各种被压抑的习惯倾向。本我永远追求快乐原则,追求最大的快乐,争取最小的痛苦。

（二）自我

自我是本我得以与外界接触的唯一心灵之路。自我是意识的结构部分,它处在本我和外部世界之间,一面产生于本我,一面连接着现实。儿童随着年龄的增加,逐步学会不凭冲动随心所欲,学会考虑后果、考虑现实作用,这就是自我的作用。自我根据现实原则,即考虑到现实作用,使个体能适应实际需要来控制活动方式。自我之所以这么重要,是由于它具有次级思维过程。自我的次级思维过程包括感知、逻辑思维、解决问题和记忆。

自我的心理能量来源于本我,而心理能量的消耗主要用在对本我的控制和压抑上。在儿童发展过程中,自我使自己变得与本我所指向的力比多发泄对象尽可能地相像,通过这种相像,自我本身就成为本我的发泄对象。弗洛伊德称之为自恋。这就是所谓的从对象力比多向自恋力比多的转化。这种转化通常包括三种方式:压抑、自居和升华。

（1）我们已经知道的压抑,是由自我完成的。通过压抑,自我试图把心理中的某些倾向不仅从意识中排斥出去,而且也从其他活动形式中排斥出去。

（2）自居又称认同作用。年幼儿童在产生爱恋自己的异性父母的冲动时,将自己置身于同性父母的地位以他们自居,获得替代性满足。

（三）超我

超我由两部分构成,一部分叫良心,另一部分叫自我理想。一般而言,良心是消极的,而自我理想则是积极的。良心由父母的禁令（"你不应该"）构成。自我理想这一术语是引导儿童努力发展的标准。

（四）三者之间的关系

良心是超我的来源,于是,自我就分成为两部分,第一部分是执行的自我,即自我的本身,第二部分是监督的自我,就是超我。自我和超我都是人格的控制系统,其中自我控制着本我的盲目激情,以保护机体免受伤害,而超我代表着道德标准和人类生活的高级方向,具有是非标准,它可能会延迟本我的满足,也可能不让本我获得满足。这里体现着文化教育、宗教教义和道德标准以及社会感情对儿童发展的规范作用。因此,超我与本我有对立的一面。

但弗洛伊德同时指出,它们之间也有共性。首先表现在超我与本我一样也是非理性的。另一点,超我具有先天性,弗洛伊德认为,既然经验可以通过基因变成一个人先天的遗产,那么,能够被遗传的本能中就包含着无数个自我的残余,也就是说,超我的形成,不仅包含着父母的现实影响,也包含着种族进化过程中所积累的历史影响。

【真题训练】

1.（2018.10）（单项选择题）超我的来源是（　　　）

A. 快乐　　　　　　B. 良心　　　　　　C. 自恋　　　　　　D. 自居

【答案】B

【解析】良心是超我的来源,于是,自我就分成为两部分,第一部分是执行的自我,即自我的本身,第二部分是监督的自我,就是超我。

2.（2019.10）（单项选择题）自我的心理能量源于（　　　）

A. 超我　　　　　　B. 本我　　　　　　C. 本能　　　　　　D. 力比多

【答案】B

【解析】自我的心理能量来源于本我,而心理能量的消耗主要用在对本我的控制和压抑上。

3.（2021.10）（判断说明题）当儿童从伊底帕斯情结中解脱出来并以父母自居时,便出现了自我理想。

【答案】错误。

【解析】当儿童从伊底帕斯情结中解脱出来并以父母自居时,便出现了超我。

考点三： 儿童心理发展阶段

1. 口唇期(0~1岁)

新生儿的吸吮动作是快感的来源,口唇是产生快感最集中的区域。于是,婴儿时时地从吸吮动作中获得快乐,即使并不饥饿,也会把手指头或其他能抓到的东西塞到嘴里去吸吮。这种寻求口唇快感的自然倾向,就是性欲的雏形。

弗洛伊德将口唇期又细分为前后两期,前期是0~6个月,此时儿童还没有现实的人和物的概念,世界仿佛是"无对象的",只是渴望得到快乐和满足。后期为6~12个月,儿童开始分化人与物,开始认识自己的母亲。

2. 肛门期(1~3岁)

除吸吮外,儿童最感兴趣的是排泄。排泄时所产生的轻松的快感,使儿童进一步注意到自己的身体,注意到生殖器官。肛门期中儿童的冲动大都是被动的,快感来自排泄过程和排泄后肛门口的感觉(包括尿道口在排尿中产生的感觉)。

3. 前生殖器期(3~6岁)

弗洛伊德说,"婴儿由三岁起,即显然无疑地有了性生活。那时生殖器已开始有兴奋的表现;或有周期作手淫或在生殖器中自求满足的活动。"这里的所谓儿童的"性生活",主要指的是儿童依恋异性父母的伊底帕斯情结。

儿童的恋母情结最终要受到压抑,因为他们惧怕自己的同性父母的惩罚,同时也惧怕社会的批评,于是,儿童进入下一个发展阶段。

4. 潜伏期(6~11岁)

儿童进入潜伏期,他们的性欲的发展呈现出一种停滞或退化的现象。这个时期,指导儿童行为的不再仅仅是快乐原则了,儿童学会了要兼顾快乐原则和现实原则。这一进步的积极意义是儿童学会了道德观念,培养了羞耻的情感。它的消极意义是压抑作用开始启动,早年的一些性的欲望由于与道德、习俗、宗教、文化等不相容而被压抑到潜意识之中。因此,6岁以后儿童很少再有性欲的表现。这种状况一直延续到青春期。弗洛伊德把这个时期称之为性欲的潜伏期。

5. 青春期(11~13岁开始)

女孩自11岁,男孩自13岁起,随着性腺的发达和性器官的发育,儿童进入了青春期。

安娜·弗洛伊德给我们指出,处于青春期的儿童对家长容易产生的抵触情绪,经常采用的克制冲动的方法:禁欲和升华。

6. 意义

(1)心理发展是有阶段的。

(2)心理的发展是有其生理基础的,性欲的发展是心理发展的内部机制。

(3)儿童早期的性经验与家长具有十分密切的关系,家长的教养态度和方法对儿童心理发展至关重要。

【真题训练】

(2018.10)(单项选择题)弗洛伊德认为性欲的前生殖期包括口唇期和(　　　)

A. 潜伏期　　　　　　B. 青春期　　　　　　C. 肛门期　　　　　　D. 宣泄期

【答案】C

【解析】口唇期和肛门期又称为性欲的前生殖期。

考点四：停滞和退化

（一）停滞

在力比多的发展过程中,有一部分心理机能由于在某一阶段过度满足或过度失望而停留在原先的阶段,不再继续发展到下一个阶段,称为停滞(或称为固结、执着)。

（二）退化

发展到下一阶段的力比多又倒流回到先前停顿的地方,称为退化。

退化与压抑不是一回事。一种心理的动作属于前意识系统,本来可以成为意识的,但被抑为潜意识而降入潜意识系统,这叫压抑。压抑是一个纯粹的心理过程,它本身与性欲没有关系。而退化是一种性欲的演变状态,具有具体的对象和活动方式等心理内容。

（三）表现

口唇期的儿童如果受到过度看护或曾经历极大打击或曾被剥夺权利,会产生口唇期停滞,表现为极度追求口唇的愉快,如大口吞食、吸吮手指头、咬铅笔之类的东西,或嗜烟嗜酒等。在日常生活中,当一个人体验到打击后,会表现出口唇期的部分特征,后来就倒退到口唇固定点,如一个男孩在自己的妹妹出生后感到自己失去了父母的爱而一度吮吸手指头,一个女孩因失去一个异性的朋友而以吃东西来寻求慰藉。

肛门期儿童的停滞则表现为由于家长对儿童提出过高过严的排便训练,结果儿童反而以凌乱和涂抹来反抗,或出现强迫性洁癖,也可能变得特别地节俭和吝啬。当一个人处于紧张状态时,会反复检查门关好了没有,反复校对稿子上有没有错别字等,这是一种肛门期退化行为的表现。

【真题训练】

1. (2020.10)(单项选择题)一部分心理机能在某一阶段得到过度满足或过度失望而停留在原先阶段,不再继续发展到下一阶段的心理现象是(　　　)

A. 退化　　　　　　B. 停滞　　　　　　C. 退回　　　　　　D. 自居

【答案】B

【解析】在力比多的发展过程中,有一部分心理机能由于在某一阶段过度满足或过度失望而停留在原先的阶段,不再继续发展到下一个阶段,称为停滞(或称为固结、执着)。

2.(2017.10)(单项选择题)力比多的非常态发展形态是(   )

A. 停滞   B. 压抑   C. 退化和停滞   D. 发泄

【答案】C

【解析】弗洛伊德的心理性欲发展阶段理论,反映了在常态下儿童心理发展的普遍趋势。但在个体的发展过程中,来自各方面的因素都可能导致心理性欲的发展偏离常态,于是出现了力比多的非常态发展形态:停滞和退化。

考点五:儿童的焦虑

(一)焦虑的分类

弗洛伊德提到了三种焦虑:真实性焦虑、神经病焦虑和道德的焦虑。

1. 真实性焦虑

它是对于外界危险或意料中伤害的知觉的反应,它与逃避反射相结合,可被看作自我本能用以保存自我的一种表现。至于引起焦虑的对象和情境,则大部分依一个人的知识和能力而异。

2. 神经病焦虑

神经病焦虑是对于表现冲动的欲望感受到的可能被惩罚的担心,即对本我占优势的行为可能受到的威胁感到害怕。这种焦虑是一种病态,表现形式很多。

(1)第一种神经病焦虑是一种普遍的忧虑,它浮动在心理中,很容易附着在一个适当的思想上,影响人的判断力,引起期望心,专等着有自圆其说的机会。这种状态可称为期待的恐怖或焦虑性期望。

(2)第二种神经病焦虑经常附着于一定的对象或情境之上,表现为各种不同内容的特殊恐惧症的焦虑。

(3)第三种神经病焦虑由于焦虑与危险之间没有明显的关系而成为不解之谜。这种状况经常发生于癔症之中,焦虑心态被身体的一种特别症候——如战栗、衰弱、心跳加速、呼吸困难等所代替。

弗洛伊德认为,产生神经病焦虑的原因是由于性的节制。

3. 道德的焦虑

这是由于对良心的畏惧而产生的焦虑,是当一个人的行为与他的道德观念发生冲突时所体验到的羞耻和罪过。其焦虑水平取决于主体的道德观念水平。

(二)儿童焦虑的来源

(1)儿童的焦虑倾向来自遗传。

(2)儿童的焦虑,无论是真实的焦虑,还是神经病倾向的焦虑,其根源都是由于力比多得不到发泄。

（三）焦虑的防御机制的类型

当焦虑的强度不断增加，本能的冲动可能淹没自我的时候，防御机制便开始作用。防御机制是人在潜意识中自动克服焦虑，以保护自我的方法。

1. 压抑

压抑，是将危险的思想或冲动赶出意识领域并将它们移到潜意识中去的过程。当引起焦虑的思想不出现后，也就体验不到焦虑了。压抑的直接结果是造成一个"眼不见心不烦"的状况。但被压抑的思想或冲动并没有消失，它只是贮存在潜意识之中。

如果一个人严重地依赖防御机制，就会产生压抑的人格，畏缩不前、不可接近、犹豫不决、顽固不化。另外，这种人还会脱离现实，在记忆、言语、感知方面经常发生严重的错误，或者引起歇斯底里症，如歇斯底里的耳聋，使其听不到不想听的事，或歇斯底里的失明，看不见不想看的东西。

压抑，是儿童对付焦虑的主要机制，儿童将不愉快的观念赶到意识之外，并阻止它回到意识中。这些受压抑的观念或冲动，很容易在儿童的梦中得到表现。

2. 反向作用

反向作用是自我为控制或防御某些不被允许的冲动而做出的相反举动，并以夸张的方式强调对立面。

反向作用分两步进行。第一步，把不得体的冲动压抑下去，第二步，把与其相反的方面表露于意识水平。这二步都是在未意识到的情况下进行的，从而有效地减轻了对个体造成的焦虑和罪恶感。

【案例分析】

3 岁的雯雯喜欢吮指头，每当妈妈看到时，就会阻止她的行为，甚至有几次妈妈还打了她。

经过几次之后，雯雯就知道了吮指头是不对的。于是，以后每次见到妈妈，雯雯就会把手放到背后，并对妈妈说，自己没有吮指头。

这个案例就是典型的反向作用，雯雯为了对抗吮指头的冲动，做出了把手背向身后的夸张动作。

3. 投射

当本能的冲动或欲望得不到满足或受到压抑时，自我就把这些冲动和欲望转移到其他人或周围的事物上。投射是个体在这方面被压抑了，在其他方面表现出来，把自己的欲望、态度转移到别人身上，也可能把自己的错误归咎于他人。

4. 退化

当一个人面临的焦虑过多又无法控制时，心理水平就退回到早先发展的阶段，这时就不需要太多控制了。退化的结果是成人表现出孩子气，如打架、恶作剧、吃大量冰淇淋、足球比赛时大骂裁判、寻求拥抱、酩酊大醉。儿童则表现为吸吮手指头、尿床、撒娇等。

5. 停滞（固结）

停滞是人格发展的某个因素突然停止在原有阶段上，一部分力比多滞留在某一点上，使儿童不能顺利地发展到下一阶段。过度的满足和过度的失望都会造成停滞。

防御机制固然有对付高度焦虑、减少内心冲突的作用，但它也消耗了大量的心理能量。本来，这些能量是可以用来发展自我的，如形成创造性思维或解决问题的技能等。当过多的能量用于防御机制，人格就不可能得到正常的发展。因为过多的防御机制往往会歪曲事实、自欺欺人，使自我与现实之间的调节更为困难。

【真题训练】

1.（2017.10）（单项选择题）弗洛伊德将儿童的焦虑分为真实性焦虑、道德焦虑和（　　）

A. 神经病焦虑　　　　B. 投射性焦虑　　　　C. 防御性焦虑　　　　D. 压抑性焦虑

【答案】A

【解析】弗洛伊德提到了三种焦虑：真实性焦虑、神经病焦虑和道德的焦虑。

2.（2021.10）（单项选择题）对于表现冲动的欲望感受到可能被惩罚并担心的是（　　）

A. 神经病焦虑　　　　B. 投射性焦虑　　　　C. 防御性焦虑　　　　D. 压抑性焦虑

【答案】A

【解析】神经病焦虑是对于表现冲动的欲望感受到的可能被惩罚的担心，即对本我占优势的行为可能受到的威胁感到害怕。这种焦虑是一种病态，表现形式很多。

考点六：弗洛伊德的方法论

（一）自由联想法

自由联想法的理论基础是弗洛伊德的一个假设：每一个心理事件都是有意义的。自由联想法要求病人用言语报告正在发生的一切思想。

（二）精神分析暗示法

精神分析暗示法是精神分析（心理分析）的主要方法之一。精神分析的观点不是一组仅凭玄想的观念，它的主要原理是将潜意识中的欲望加以暴露，然后使其消除，即在引起症候的矛盾中求其病源所在，通过精神分析的暗示，让病人自己努力，消灭内心的抗拒。

（三）移情

在治疗过程中，患者会把自己对双亲的情感转移到治疗者身上，治疗者成了患者双亲的替身。这种情况，弗洛伊德称之为外移情作用（简称移情）。

【真题训练】

（2018.10）（单项选择题）心理分析的主要方法之一是（　　）

A. 投射　　　　　　　B. 精神分析暗示法　　C. 趋众作用　　　　D. 合理化作用

【答案】B

【解析】精神分析暗示法是精神分析（心理分析）的主要方法之一。

考点七：霍妮的基本焦虑理论

（一）童年经验的重要性

霍妮承认，"童年经历对一个人的发展产生了决定性影响，这是毫无疑问的。"确认早期经验的重要性是弗洛伊德众多的功绩之一。问题不在于早期经验对一个人的发展是否有影响，而在于如何影响，霍妮认为，早期经验的影响方式有两种。

第一种方式是早期经验留下了可被直接追溯的痕迹。

第二种更为重要的方式是童年的整个经历带来的某种性格结构，或更确切地说是开始了某种性格结构的发展。

（二）基本焦虑与防御机制

1. 基本焦虑

弗洛伊德认为，无意识的心理冲突是一切神经症的根源，而一切神经症的核心便是焦虑。霍妮则认为，儿童的基本焦虑来自人际关系的困扰。焦虑就是一个孩子在一个充满潜在敌意的世界里所抱有的一种孤独和无助的感觉。

霍妮指出，人的自我可以划分为三个部分，即真实的自我、理想的自我和现实的自我。真实的自我是人的生命核心和人的天赋潜能的自然流露；理想的自我是为满足内心的神经症内驱力而形成的尽善尽美的自我意象；现实的自我是在环境的影响下人的一切表现。

霍妮十分重视个人环境在童年期所导致的性格结构。她认为，人生后来的种种困难，都是源自早期形成的性格结构。基本焦虑是文化和神经症之间的中介。

处于这种环境中的儿童应付外界的主要手段有三种，即趋众、逆众或离众。

所谓趋众，就是承认自己无能，尽管他也疏远自我，心存恐惧，他依然要努力赢取别人的感情，并依靠上他们，只有和他们在一起时才感到安全。

所谓逆众就是儿童坦然地承受周围的敌意，并有意识或无意识地决心抗争，企图成为击败对手的强者。

所谓离众，就是表现为既不归属于谁，也不想与他人抗争，总是与人保持一定的距离，建立属于自己的小天地（如特定的空间、玩具、书籍、梦想等）。

2. 防御机制

霍妮认为，人际关系的困扰引起基本焦虑，而焦虑则导致防御策略的形成。这类无意识的方法（防御策略）可归类为：盲点作用、分隔作用、合理化作用、过分自控、自以为是、捉摸不定和犬儒主义。

（1）盲点作用（盲点现象）。人们，尤其是神经症患者对自己的实际行为与他的理想化形象之间的差异视而不见。他们把潜在的冲突排斥在知觉之外,表现为对自身情感体验的麻木不仁。

（2）分隔作用。分隔作用也就是我们通常所讲的"多重人格"。

（3）合理化作用。通过推理的方式自我欺骗,称之为合理化作用。它主要用来替自己辩护或将自己的动机和行为与约定俗成的意识形态看齐。

（4）过分自控。过分自控是一道抵御矛盾感情冲击的大坝。

（5）自以为是。自以为是是明显的进攻倾向与超然特征结合产生出的防卫法。

（6）捉摸不定。与呆板的自以为是相反的是捉摸不定。

（7）犬儒主义。这是一种拒绝承认冲突的防御机制,表现为否认和嘲弄道德标准,在社会生活中摆出一副十足的痞子相,弄不清楚自己实际相信的是什么。

以上各种防御机制都是围绕着基本冲突而建立起来的。霍妮把这整套防御机制体系称为保护性结构。

【真题训练】

1.（2017.10）（判断说明题）霍妮认为,无意识的心理冲突是一切神经症的根源,而一切神经症的核心来自人际关系的困扰。

【答案】错误

【解析】弗洛伊德认为无意识的心理冲突是一切神经症的根源,而一切神经症的核心便是焦虑。霍妮则认为儿童的基本焦虑来自人际关系的困扰。

2.（2021.10）（单项选择题）人的生命核心和人的天赋潜能的自然流露是（   ）

A. 理想的自我   B. 现实的自我   C. 真实的自我   D. 内心的自我

【答案】C

【解析】真实的自我是人的生命核心和人的天赋潜能的自然流露;理想的自我是为满足内心的神经症内驱力而形成的尽善尽美的自我意象;现实的自我是在环境的影响下人的一切表现。

3.（2021.10）（单项选择题）儿童坦然地承受周围的敌意,并有意识或无意识地决心抗争,企图成为强者的这一心理过程是（   ）

A. 离众   B. 趋众   C. 自尊   D. 逆众

【答案】D

【解析】所谓逆众就是儿童坦然地承受周围的敌意,并有意识或无意识地决心抗争,企图成为击败对手的强者。

考点八：埃里克森的同一性渐成说

（一）自我与同一性

1. 含义

埃里克森认为,真正的同一性是对自己的本质、信仰和一生中重要方面前后一致的较为完善的意识,也就是个人的内部状态与外部环境的整合和协调一致。说得通俗些,就是将人格发展的不同水平之间不可避免地存在着的间断性加以沟通和整合。

2. 分类

相对于个人与集体的关系,存在着个人同一性与集体同一性;从意识与无意识的角度看,可分为自身同一性(一个人对"我"的身体、人格、各种角色的意识)与自我同一性(属于无意识的,能意识得到它的工作,却意识不到它的本身和过程)等。

（二）同一性渐成的发展阶段

埃里克森把个体从出生到临终的一生称为生命周期。同一性的形成是一个终身的过程。埃里克森将同一性的渐成划分为以下 8 个阶段。

1. 第一阶段：婴儿期（0~1.5 岁）

此阶段的发展任务是获得信任感和克服不信任感,体验着希望的实现。这一时期,表现为本能冲动的力比多尚未成熟,作为潜在的本我力量伺机而动,随着神经系统的成熟,婴儿的吮吸、视觉反应和动作日益受到大脑皮层的控制,逐渐变为自我过程,为本我指出方向。

埃里克森十分重视人生的第一阶段——婴儿期对同一性发展的重要影响,婴儿期的儿童获得信任感是今后发展阶段特别是青年期的同一性发展的基础。人生之初的信任感可以使儿童将来在社会上成为易于信赖和满足的人。如果未能充分发展信任感,则容易成为一个不信任他人和苛刻无度、令人生厌的人。

2. 第二阶段：儿童早期（1.5~3 岁）

此阶段的发展任务是获得自主感而克服羞怯和疑虑,体验着意志的实现。

3. 第三阶段：学前期（或称游戏期）（3~6 岁）

此阶段的发展任务是获取主动感,克服罪疚感,体验目的的实现。

埃里克森把学前期又称为游戏期,表明游戏的作用很重要。游戏在儿童生活中占据重要的地位,是自我的重要机能。游戏在解决各种矛盾中体现出自我治疗和自我教育的作用。本阶段游戏表现为两种形式:一是角色游戏或白日梦,二是共同游戏。儿童在游戏中表演出幼儿的矛盾,使危机得以缓和,并使先前遗留的问题借机得到解决。

4. 第四阶段：学龄期（6~12 岁）

这一阶段主要是获得勤奋感而克服自卑感,体验着能力的实现。勤奋感和自卑感构成了这一阶段的主要冲突。

儿童学业成绩的成功,教师和同伴的认可、赞赏和接纳使儿童产生勤奋感。反之,如果儿童缺乏主动性又没有努力掌握知识技能、成绩落后,不符合父母和教师的期望,就会自感失望,体验到不胜任感和自卑感。

5. 第五阶段：青年期（12~13 岁）

该阶段发展任务是建立自我同一性(或称同一感)和防止同一性混乱,体验着忠诚的实现。

儿童进入青年期,个体的意识分化为理想自我和现实自我,这两种自我之间的统一,就是自我同一性的形成。自我同一性的形成包括两个双向的过程,其一是努力改变现实的自我,使之与理想自我一致;其二是修正、改变理想自我,使之符合现实的自我。自我同一性的形成与先前各阶段中建立起来的信任感、自主感、主动感、勤奋感有直接关系。

青年期的自我同一性必须在以下七个方面取得整合,才能使人格得到健全发展:(1)时间前景对时间混乱(如急躁,拖拉等);(2)自我肯定对冷漠无情(如缺乏信心);(3)角色实验对消极同一性(如不能认识自己,或出现一种超人感);(4)成就感预期对工作瘫痪(如对成就不抱希望);(5)性别同一性对性别混乱(如疏远异性或性生活随便);(6)领导的极化对权威混乱(如盲目反上、盲目服从);(7)思想的极化对观念混乱(如我们通常讲的信仰危机)。同一性形成的工作,大部分是一种潜意识的过程。

与自我同一性相对立的是同一性混乱。如果说同一感是指个人的内部和外部的整合和适应之感,同一性混乱则是指内部和外部之间的不平衡和不稳定之感。典型的同一性混乱表现为"我掌握不了某些生活",结果是退学、辞去工作、整夜在外逗留或因孤独陷入古怪而难以接近的心境之中。

埃里克森特别重视第一阶段和第五阶段。

6. 第六阶段:成人早期(18~25岁)

此阶段的发展任务是获得亲密感,克服孤独感,体验爱情的实现。

7. 第七阶段:成人中期(25~50岁)。

该阶段的发展任务主要是获得繁殖感而避免停滞感,体验关怀的实现。

8. 第八阶段:成人后期(50岁以后直至死亡)

该阶段主要为获得完美感和避免失望、厌恶感,体验着智慧的实现。

【真题训练】

1.(2017.10)(单项选择题)从意识与无意识的角度看,同一性可分为自身同一性与( )

A. 同一性混乱　　　B. 自我同一性　　　C. 个人同一性　　　D. 集体同一性

【答案】B

【解析】相对于个人与集体的关系,存在着个人同一性与集体同一性;从意识与无意识的角度看,可分为自身同一性(一个人对"我"的身体、人格、各种角色的意识)与自我同一性(属于无意识的,能意识得到它的工作,却意识不到它的本身和过程)等。

2.(2019.10)(单项选择题)婴儿期的发展任务是( )

A. 获得自我同一性　　B. 获得信任感　　　C. 获得自尊感　　　D. 获得亲密感

【答案】B

【解析】婴儿期的发展任务是获得信任感和克服不信任感,体验着希望的实现。

3.(2021.10)(单项选择题)学龄期的主要发展任务是( )

A. 同一性　　　　　　B. 勤奋感　　　　　C. 自主感　　　　　D. 自信心

【答案】B

【解析】学龄期主要是获得勤奋感而克服自卑感,体验着能力的实现。勤奋感和自卑感构成了这一阶段的主要冲突。

考点九：对精神分析学说发展理论的评析

（一）对弗洛伊德精神分析学说的评析

就心理学范围而言,至少可以从以下三点来分析弗洛伊德的贡献。

（1）弗洛伊德的精神分析学说开拓了心理学新的研究范围。

（2）弗洛伊德精神分析学说推动了对儿童早期经验的研究和儿童心理发展理论的建立。

（3）弗洛伊德的精神分析学说的研究方法极大地丰富了心理学研究方法论。

弗洛伊德的精神分析学说也是引起争议最大、批判最多的发展理论。其主要缺陷表现为：

（1）精神分析学说富有主观色彩。

（2）弗洛伊德精神分析学说有泛性论倾向。

（3）歧视妇女,反对男女平等。

（二）对霍妮基本焦虑理论的评析

霍妮对儿童人格的发展持乐观主义的态度,对治疗神经症患者的态度也是乐观的。这些都是霍妮理论比弗洛伊德理论更为进步的表现。

霍妮在争取男女平等的运动中,作出了杰出的贡献。

霍妮的理论体系本质上仍是精神分析的。她重视社会因素、文化因素对人格的影响,但她所说的家庭环境是一种脱离经济、阶级和社会关系的抽象的家庭环境,并没有真正揭示社会因素的本质含义。

（三）对埃里克森的同一性渐成说的评析

（1）同一性渐成说最核心的进步是把整个心理过程的重心从弗洛伊德的本我过程转移到自我过程,也就是把人的发展动机从潜意识领域扩展到意识领域,从先天的本能欲望转移到现实关系之中。所谓同一性渐成说,就是强调自我与社会环境的相互作用。人在发展过程中逐步形成的人格是生物的、心理的和社会的因素相互整合的统一体。

（2）埃里克森突破了弗洛伊德对发展阶段的划定,把人格发展看成是终生的任务,并为各发展阶段提出特定的心理社会任务,把解决发展任务作为一种两极分化的对立面的斗争过程。

考点十：精神分析学说发展理论与学前教育

（一）重视童年经验、保护幼儿心理健康

（二）充分认识每一个发展阶段的重要性

（三）关心幼儿人际关系，克服基本焦虑

四、同步强化练习

1. 单项选择题

（1）弗洛伊德精神分析学说的理论核心是（　　）

A. 泛性论　　　　　B. 力比多　　　　　C. 精神分析暗示　　　D. 移情

（2）对于婴儿来说，本我的能量总是指向于周围的对象，主要是（　　）

A. 玩具　　　　　B. 颜色　　　　　C. 动作　　　　　D. 父母

（3）弗洛伊德认为，本能遵循快乐原则和（　　）

A. 现实原则　　　　B. 需要原则　　　　C. 自我原则　　　　D. 发展原则

（4）弗洛伊德认为，人格结构的构成是本我、自我和（　　）

A. 真我　　　　　B. 原我　　　　　C. 超我　　　　　D. 后我

（5）儿童开始分化人与物，并开始认识自己的母亲的阶段是（　　）

A. 口唇期前期　　　B. 口唇期后期　　　C. 前生殖器期　　　D. 潜伏期

（6）弗洛伊德认为，0~1岁的心理发展阶段是（　　）

A. 口唇期　　　　B. 肛门期　　　　C. 潜伏期　　　　D. 前生殖器期

（7）弗洛伊德认为，儿童焦虑的根源是（　　）

A. 力比多得不到发泄　B. 性欲得不到发泄　C. 信任感的缺失　　D. 不安全的环境

（8）要求病人用言语报告正在发生的一切思想的精神分析法是（　　）

A. 自由联想法　　　B. 精神分析暗示法　　C. 移情　　　　　D. 投射

（9）儿童的基本焦虑来自（　　）

A. 环境因素的复杂　B. 人际关系的困扰　　C. 家庭成员　　　D. 不安全感

（10）霍妮认为，导致防御策略形成的原因是（　　）

A. 冲突　　　　　B. 不信任感　　　　C. 焦虑　　　　　D. 失望

（11）可能引起强迫症的防御策略是（　　）

A. 过分自控　　　B. 自以为是　　　　C. 犬儒主义　　　D. 分隔作用

（12）否认和嘲弄道德标准的防御策略是（　　）

A. 犬儒主义　　　B. 过分自控　　　　C. 自以为是　　　D. 分隔作用

（13）个人的内部状态与外部环境的整合和协调一致是（　　）

A. 契合性　　　　　B. 同一性　　　　　C. 协调性　　　　　D. 整合性

（14）埃里克森认为，人在发展中逐渐形成的人格是三方面因素组成的统一体，分别是生物的、社会的和（　　）

A. 心理的　　　　　B. 意只的　　　　　C. 认知的　　　　　D. 行为的

（15）发展任务是获得自主感而克服羞怯和疑虑感的阶段是（　　）

A. 婴儿期　　　　　B. 儿童早期　　　　　C. 学前期　　　　　D. 学龄期

（16）以下无法使儿童产生勤奋感的是（　　）

A. 儿童学业成绩的成功　　　　　　　　　B. 教师和同伴的认可

C. 教师的赞赏和接纳　　　　　　　　　　D. 基本信任感

（17）当青年人的积极同一性形成受阻时，会出现带有强迫性的（　　）

A. 同一性混乱　　　B. 消极同一性　　　C. 同一性障碍　　　D. 破坏同一性

2. 名词解释题

（1）本能

（2）自我

（3）真实性焦虑

（4）退化

（5）压抑

（6）投射

（7）移情

3. 判断说明题

（1）弗洛伊德认为，梦的工作的任务就是把显意变作隐意的过程。

（2）人际中的基本冲突不仅会影响一个人与他人的关系，而且也会影响与自己的关系。

（3）焦虑导致的各种防御机制都是围绕着基本冲突而建立起来的，它可以解决冲突。

4. 简答题

（1）弗洛伊德是如何对儿童的焦虑进行分类的？

（2）简述弗洛伊德精神分析法的三个要点。

（3）霍妮认为早期经验如何影响一个人的发展？

（4）处于基本焦虑环境中，儿童应付外界的三种手段分别是什么？

5. 论述题

论述霍妮防御策略的各种分类和表现。

6. 案例分析题

阅读下列案例材料，然后回答问题。

4 岁的段段是一个文静的男孩子，在幼儿园中不能跟其他小朋友打成一片。李老师仔细观察他的行为后发现，段段经常坐在自己的座位上，满眼艳羡地看着其他的小伙伴们一起玩游戏、一起聊天。段段经常踟蹰着向大家走去，可总是又默默退回到自己的座位旁边，来回踱步,很是焦虑地敲自己的头。偶尔有几次,当段段鼓足勇气想要参与集体游戏时,却被班级里的"小霸王"推搡着挤了出去。很显然,段段在与同伴交往时遇到了严重的问题,他不知道该如何做才能融入班级。

结合材料,运用精神分析学说的观点,谈谈如何帮助儿童克服基本焦虑。

五、 参考答案及解析

1. 单项选择题

(1)【答案】A

【考点】弗洛伊德的精神分析学说

【解析】弗洛伊德认为性的需求起源于儿童期,这一观点后来成为弗洛伊德精神分析学说的理论核心——泛性论。

(2)【答案】D

【考点】弗洛伊德的精神分析学说

【解析】对于婴儿来说,本我的能量总是指向于周围的对象,主要是父母,尤其是母亲。

(3)【答案】A

【考点】本能遵循的原则

【解析】弗洛伊德认为,本能遵循快乐原则,快乐原则的后边还有一条现实原则。

(4)【答案】C

【考点】弗洛伊德的精神分析学说

【解析】在《自我与本能》中,弗洛伊德建立了本我—自我—超我的新学说。本我、自我和超我构成新的人格结构。

(5)【答案】B

【考点】儿童心理发展阶段

【解析】弗洛伊德将口唇期又细分为前后两期。前期是0~6个月,此时儿童还没有现实的人和物的概念,世界仿佛是"无对象的",只是渴望得到快乐和满足。后期为6~12个月,儿童开始分化人与物,开始认识自己的母亲。

(6)【答案】A

【考点】儿童心理发展阶段

【解析】对于儿童来说,引起快感的部位主要是口腔、肛门和生殖器。其中,口唇期为0~1岁。

(7)【答案】A

【考点】弗洛伊德精神分析学说关于儿童焦虑的观点

【解析】弗洛伊德认为,儿童的焦虑,无论是真实的焦虑,还是神经病倾向的焦虑,其根源都是由于力比多得不到发泄。

(8)【答案】A

【考点】弗洛伊德的方法论

【解析】自由联想法要求病人用言语报告正在发生的一切思想。

（9）【答案】B

【考点】霍妮的基本焦虑理论

【解析】霍妮认为，儿童的基本焦虑来自人际关系的困扰。

（10）【答案】C

【考点】霍妮的基本焦虑理论

【解析】霍妮认为，人际关系的困扰引起基本焦虑，而焦虑则导致防御策略的形成。

（11）【答案】A

【考点】霍妮的基本焦虑理论

【解析】过分自控是一道抵御矛盾感情冲击的大坝。对愤怒的控制会积聚越来越大的爆发力，而对越来越大的爆发力需要更强的自控来抑制。这就又可能会产生强迫症，导致新的麻烦。

（12）【答案】A

【考点】霍妮的基本焦虑理论

【解析】犬儒主义是一种拒绝承认冲突的防御机制，表现为否认和嘲弄道德标准，在社会生活中摆出一副十足的痞子相，弄不清楚自己实际相信的是什么。

（13）【答案】B

【考点】埃里克森的同一性渐成说

【解析】埃里克森认为，真正的同一性是对自己的本质、信仰和一生中重要方面前后一致的较为完善的意识，也就是个人的内部状态与外部环境的整合和协调一致。

（14）【答案】A

【考点】埃里克森的同一性渐成说

【解析】人在发展中逐渐形成的人格，是生物的、心理的和社会的三方面因素组成的统一体。

（15）【答案】B

【考点】同一性渐成的发展阶段

【解析】同一性渐成发展的第二阶段：儿童早期（1.5～3 岁），此阶段的发展任务是获得自主感而克服羞怯和疑虑，体验着意志的实现。

（16）【答案】D

【考点】同一性渐成的发展阶段

【解析】儿童学业成绩的成功，教师和同伴的认可、赞赏和接纳使儿童产生勤奋感。

（17）【答案】B

【考点】同一性渐成的发展阶段

【解析】当青年人的积极同一性形成受阻时，会出现带有强迫性的消极同一性，表现为故意藐视他人，脱离社会，违背社会准则，热衷于追求故意的惊人之举。

2. 名词解释题

（1）本能是有机体生命中固有的一种恢复事物早先状态的冲动。

（2）自我是本我得以与外界接触的唯一心灵之路。自我是意识的结构部分，它处在本我和外部世界之间，一面产生于本我，一面连接着现实。

（3）真实性焦虑是对于外界危险或意料中伤害的知觉的反应，它与逃避反射相结合，可被看作自我本能用以保存自我的一种表现。

（4）发展到下一阶段的力比多又倒流回到先前停顿的地方，称为退化。

（5）压抑，是儿童对付焦虑的主要机制，儿童将不愉快的观念赶到意识之外，并阻止它回到意识中。

（6）投射是个体在这方面被压抑了，在其他方面表现出来，把自己的欲望、态度转移到别人身上，也可能把自己的错误归咎于他人。

（7）在治疗过程中，患者会把自己对双亲的情感转移到治疗者身上，治疗者成了患者双亲的替身。这种情况，弗洛伊德称之为外移情作用（简称移情）。

3. 判断说明题

（1）错误。

说明：弗洛伊德认为，梦的工作的任务就是把隐意变作显意的过程。

（2）正确。

说明：霍妮指出，人的自我可以划分为三个部分，即真实的自我、理想的自我和现实的自我。对于正常人来说，人格中的三个部分是协调的，并不产生相互之间的排斥、对立和冲突。可是，当一个人在现实的人际冲突中失去了这三部分之间的协调时，或者说，当一个人人格中的真实自我、理想自我和现实自我之间失去了变通性时，神经症就不可避免地产生了。因此，人际中的基本冲突不仅会影响一个人与他人的关系，而且也会影响与自己的关系。

（3）错误。

说明：各种防御机制都是围绕着基本冲突而建立起来的。实质上这种表面的平衡感是用极大的代价换来的暂时的宁静，它并没有解决冲突。

4. 简答题

（1）弗洛伊德提到了三种焦虑：真实性焦虑、神经病焦虑和道德的焦虑。

（2）精神分析法的三个要点：自由联想、精神分析暗示（包括梦的分析）和移情。

（3）霍妮认为早期经验对一个人的发展的影响方式有两种：

① 第一种是早期经验留下了可被直接追溯的痕迹；

② 第二种更为重要的方式是童年的整个经历带来的某种性格结构，或更确切地说是开始了某种性格结构的发展。

（4）处于这种环境中的儿童应付外界的主要手段有三种，即趋众、逆众或离众。

5. 论述题

霍妮认为，防御策略可归类为：盲点作用、分隔作用、合理化作用、过分自控、自以为是、捉摸不定和犬儒主义。

（1）盲点作用。人们，尤其是神经症患者对自己的实际行为与他的理想化形象之间的差异视而不见。他们把潜在的冲突排斥在知觉之外，表现为对自身情感体验的麻木不仁。

如有人一面标榜自己心地善良、人格完整，一面却又大肆在背后诋毁别人、恶意中伤。

（2）分隔作用。一个人在各种现存的冲突中自我失去了整体感，便将自我分割成若干小块，一块留给自己，一块留给家庭，一块留给朋友，一块留给敌人，一块留给上流人士，一块留给市井青皮。

（3）合理化作用。通过推理的方式自我欺骗，称之为合理化作用。它主要用来替自己辩护，或将自己的动机和行为与约定俗成的意识形态看齐。合理化是所有建立在基本冲突之上的每个防御机制的支点。如盲点现象就是通过合理化把差距推理成不存在，分隔现象就是通过合理化把人格的分解演绎成理所当然。

（4）过分自控。过分自控是一道抵御矛盾感情冲击的大坝。在早期，它表现为有意识的行为，后来变得多少有些自动化。其中，对愤怒的控制是最重要的。因为愤怒在人际关系中最具破坏性，而且对愤怒的控制容易形成恶性循环。对愤怒的控制会积聚越来越大的爆发力，而对越来越大的爆发力需要更强的自控来抑制。

（5）自以为是。自以为是是明显的进攻倾向与超然特征结合产生出的防卫法。患者试图通过武断地宣称自己一贯正确来"一劳永逸"地平息冲突。此时，自身的感情往往是这一机制的不安定因素，必须加以严格控制。

（6）捉摸不定。这种人永远无法固守己见，他们会对自己的言行矢口否认，或信誓旦旦地说不是那么回事，具有高超的莫衷一是、"掬糨糊"的本事。在现实生活中，他们时而凶狠粗暴，时而悲天悯人；时而体贴周到，时面冷酷无情；时而趾高气扬，时而自贱自惭。

（7）犬儒主义。这是一种拒绝承认冲突的防御机制，表现为否认和嘲弄道德标准，在社会生活中摆出一副十足的痞子相，弄不清楚自己实际相信的是什么。这种犬儒主义可能是有意识的，实则为阴谋权术，如有些人醉心于仿效历史上封建帝王的权术，翻云覆雨，陷害忠良。也可能是无意识的，他们用表面顺从流行观念来掩饰对道德的嘲弄倾向。

6. 案例分析题

（1）儿童的基本焦虑来自人际关系的困扰。在案例中，段段便是受人际关系困扰的一位儿童。他不知如何融入班级，不会发泄和调节自己的不良情绪，在同伴关系中很是受挫。

（2）4 岁的段段想和班级里的小朋友一起玩游戏，他经常踟蹰着向大家走去，可总是又默默退回到自己的座位旁边。偶尔，段段鼓足勇气想要参与集体游戏时，却并不顺利，遭到排挤。段段因此非常焦虑、痛苦，来回踱步，甚至焦虑地敲自己的头。负面情绪主导着段段。我们在他不停地来回踱步中，在他敲自己头的行为中，看到了无奈、无助、痛苦。段段所表现出的压抑、焦虑、独自忍耐，值得老师关注。

（3）焦虑表现在长时间的等待和局促不安。情绪压抑对儿童身心没有任何好处。无论是同伴交往中的信心，还是交往中的移情能力，都是个体融入群体的基本能力。而这正是一名幼儿教师帮助儿童克服基本焦虑的必要途径。李老师及时发现了问题，我们赞赏她注重关心幼儿关系的职业素养。就帮助段段而言，李老师应该尽快选择适当的时机进行干预，帮助段段与其他小朋友交朋友，并逐渐融入班级群体。相信段段在李老师的帮助下，能够逐渐树立起与小朋友相处的信心与勇气。

第五章
日内瓦学派的发生认识论

一、 教材知识思维导图

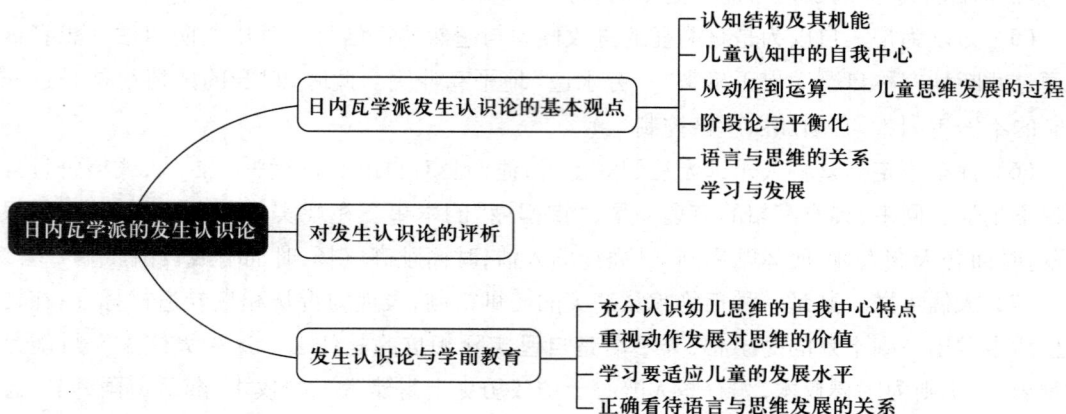

日内瓦学派的发生认识论
- 日内瓦学派发生认识论的基本观点
  - 认知结构及其机能
  - 儿童认知中的自我中心
  - 从动作到运算——儿童思维发展的过程
  - 阶段论与平衡化
  - 语言与思维的关系
  - 学习与发展
- 对发生认识论的评析
- 发生认识论与学前教育
  - 充分认识幼儿思维的自我中心特点
  - 重视动作发展对思维的价值
  - 学习要适应儿童的发展水平
  - 正确看待语言与思维发展的关系

二、 本章重难点知识概要

重点知识:认知结构的建构性,儿童认知中的自我中心,从动作到运算——儿童思维发展的过程,语言与思维的关系,学习与发展。

难点知识:认知结构,阶段论与平衡化。

学习建议:从"儿童不同于成人"的基本观点去理解该理论的核心内容和意义。皮亚杰的原著不太好读,需反复研究。

三、 重难点知识精讲

考点一:认知结构

(一)认知结构的含义

所谓结构,就是一个系统、一个整体,它不仅指具有解剖学意义的实际结构(如中枢神经组织的结构或呼吸系统的结构），也包括功能意义上的结构。认知结构决定着人能否获得知识以及获得什么样的知识。皮亚杰把自己的发展理论叫作发生认识论。

（二）认知结构的机能

皮亚杰的发生认识论认为，认知结构具有所有生物体结构的共有的机能，那就是组织和适应。所谓组织，指的是结构的形式和发展（用皮亚杰的话来说叫"建构"），而适应是指结构的同化和顺化两种机能及这两种机能之间的关系。

（三）智慧的同化和顺化

把当前的动作、经验资料或知识纳入已有的整体结构之中，叫作智慧的同化。
改变原有的结构以便接纳新的动作、经验资料或知识，叫作智慧的顺化。

（四）适应与同化、顺化的关系

智慧的适应与其他形态的适应一样，是同化机制与顺化机制相辅相成，形成一个不断向前推进的平衡过程。适应必须在个体内部具有连贯性的情况下才能产生，一旦缺乏了这种连贯性，就不可能产生适应状态。例如，当环境中再也没有什么事物可以修改我们原有的格式而只剩下同化过程时，人的心理就陷入完全顺从的状态，缺乏发展的动力，使心理发展停顿和萎缩。相反，当外部环境完全违背了原有经验所形成的格式，超越了顺化的范围，适应过程也就不复存在。尽管有机体的发展阶段不同，发展水平有高低，但同化与顺化的机能是不变的。

（五）认知结构的建构

皮亚杰认为，儿童的认知发展是通过认知结构的不断建构和转换而实现的。
皮亚杰认为每一个结构都有一个发生过程，每一个结构都是在主体与客体的相互作用中一点一滴地建构起来的。主客体之间的相互作用，包含两方面的内容，其一是向内协调主体的动作，通过反省、抽象，形成逻辑数理化经验；其二是向外组织外部世界，以产生认知的内容，即形成物理经验。向内和向外活动，构成同时的双向建构。
向外和向内的双向建构在不同水平上同步发展，依次形成不同层次的认知结构。这种结构在主体与客体的相互作用下完成渐进的平衡化。所谓思维的发展，就是认知结构平衡化的发展过程。

【真题训练】

（2017.10）（单项选择题）把当前的动作、经验资料或知识纳入已有的整体结构之中的心理过程是（　　）
　　A. 同化　　　　　　　B. 顺化　　　　　　　C. 适应　　　　　　　D. 平衡
【答案】A

【解析】把当前的动作、经验资料或知识纳入已有的整体结构之中,叫作智慧的同化。

考点二：儿童认知中的自我中心

（一）自我中心的含义

儿童思维的核心特点是自我中心。所谓自我中心是指儿童把注意集中在自己的观点和自己的动作上的现象。这种自我中心不仅表现在儿童的言语中、表象中、逻辑中,而且在儿童的外部行为中也比比皆是。

（二）实在主义

在一定的发展阶段,儿童在大多数场合下都认为对象就是直接知觉的那个样子,而不懂得从事物的内部关系中观察事物,例如,儿童认为月亮在跟着他走,只要他不走,月亮也就不走了。这种拟人化(泛灵论)的现象,皮亚杰称之为"实在主义"。

儿童的实在主义,使儿童表现出令人十分费解的现象,一方面,他们与直接观察相连,另一方面,他们比成人远离客观世界。实在主义使儿童徘徊在世界的现象之中,而又使他们远离了世界的客观本质。

（三）他律

服从是儿童责任感的源泉。皮亚杰说,"儿童的第一个道德感是服从,而所谓善的另一个标准长期以来就是父母的意志。"如同他们的思维发展水平一样,幼儿的道德情感也是直观的,"幼童的道德在本质上始终受外界支配,即服从于外在意志,即他所尊敬的人或父母的意志。"因此,皮亚杰把这时的儿童道德认识称作以他律为主要特征的阶段。

所谓他律,是指儿童的道德判断受他自身以外的价值标准所支配。

（四）道德实在论和客观的责任感

皮亚杰把幼儿由他律引向一个有规则的结构称之为道德实在论。道德实在论引出客观的责任感。所谓客观的责任感,就是指儿童对行为作出判断时,主要依据行为的物质后果,即行为符合或违反规则的程度,而不是考虑行为者的主观动机。

（五）去中心化

自我中心是由于思维缺乏可逆性,而缺乏可逆性的机制则在于同化与顺化的对抗。随着主体对客体的相互作用的深入和认知机能的不断平衡、认识结构的不断完善,个体能从自我中心状态中解除出来,皮亚杰称之为去中心化。

（六）发展规律

从自我中心状态向解除自我中心的过渡是认识在任何发展水平上都有的特征。这个过程的普遍性和必然性,皮亚杰称之为发展规律。

（七）儿童解除自我中心的三个阶段

从出生到青少年的智力发展中,儿童从三个不同的水平上解除自我中心:

（1）第一次是在出生到 2 岁之间,儿童从完全分不清主体与客体的混沌状态发展到能理解世界是由客体组成的,而他本人也是一个在时间和空间上客观存在的人。

（2）第二次自我中心表现在前运算阶段,儿童分不清自己的观点与其他人的观点之间的差别,7~8 岁时,由于去中心化的结果,儿童得以理解物体之间的客观关系,并且在人们之间建立合作关系。

（3）第三次自我中心出现在 11~14 岁,少年儿童认为自己的思维能力是无限的,沉湎于无休止的脱离现实的"改造社会"的议论之中,这个时期的去中心化是儿童从抽象地改造社会转变为实际的活动家,开始严肃地、切实地考虑实际职业和工作,产生了一种成人感。

皮亚杰认为,任何一次自我中心的解除,必须有两个条件:第一,意识到自我是主体,并把主体与客体区别开来;第二,把自己的观点与他人的观点协调起来,而不是把自己的观点当作绝对真理。

（八）自我中心状态的表现

自我中心状态表现为认识上的主观臆断,行动上的为所欲为,作风上的独行其是,情绪上的喜怒无常和人格上的浮虚狷狭等心理特征。社会生活中常见的角色错位现象,也是自我中心的范例。

【真题训练】

1. （2019.10）（单项选择题）个体认识上的主观臆断,行动上的为所欲为,作风上的独行其是等状态表现是（　　）

A. 建构　　　　　　B. 内化　　　　　　C. 适应　　　　　　D. 自我中心

【答案】D

【解析】自我中心状态表现为认识上的主观臆断,行动上的为所欲为,作风上的独行其是,情绪上的喜怒无常和人格上的浮虚狷狭等心理特征。

2. （2018.10）（单项选择题）儿童思维的核心特点是（　　）

A. 自我中心　　　B. 动作思维　　　C. 具体形象思维　　　D. 抽象逻辑思维

【答案】A

【解析】儿童思维的核心特点是自我中心。所谓自我中心,是指儿童把注意集中在自己的观点和自己的动作上的现象。这种自我中心不仅表现在儿童的言语中、表象中、逻辑中,而且在儿童的外部行为中也比比皆是。

考点三：儿童思维发展的过程

皮亚杰理论认为,思维起源于动作,动作是思维的起点。儿童最初具有的动作是反射性动作,本身并不具有智慧性质。从反射动作到智慧动作,再内化为具有可逆性的动作——运算,需要一个发展过程。

(一)从反射动作到智慧动作

1.第一个子阶段

新生儿,儿童生命的第1个月,属于感知运动阶段的第一个子阶段。儿童的出生带来了先天的反射能力。皮亚杰只对随年龄增长而变化的反射,如吸吮反射、抓握反射感兴趣。

(1)机能同化。

新生儿一出生就具有吮吸反射。反射的积极重复是最初的同化形式。皮亚杰称之为机能同化(或称再现同化)。

(2)认识同化。

儿童逐渐对不太复杂的对象进行实际的反射辨别,起初他试图吸吮所有碰到嘴边的东西,然后,把奶头与其他对象区别开来。儿童具有的这种反射经验被称为认识同化。

(3)泛化同化。

吸吮活动发生泛化,儿童不仅吃奶时吸吮,不吃奶时也吸吮,吮手指头、吮被角、吮脚丫,总之,这个时期对于儿童来讲,整个世界都可以吸吮,皮亚杰把这种同化称之为泛化同化。

2.第二个子阶段

感知运动智力发展到第二个子阶段:基本习惯阶段(第1~4个月)。这一阶段出现了新的、生活中习得的行为方式,如吸吮手指头、头部转动朝向声源、移动视线追随物体,形成了新的动作格式:去看、去听、试图抓起物体等。环境成了形成儿童生活经验的条件。

皮亚杰认为,循环反应是习惯形成的基础。循环反应就是一系列动作的重复,基本习惯阶段的特征是形成第一级循环反应,这是较为发展完善的同化形式。第一级循环反应虽然在时间和空间上比遗传反射有较大的灵活性,但还算不上智慧动作,因为这时儿童的行为与效果之间没有分化,行动还没有目的。

3.第三个子阶段

第二级循环反应的形成组成了感知运动阶段的第三个子阶段(第4~8个月)。当婴儿的视觉和抓握开始协调后,就过渡到这一阶段。这一阶段,儿童开始试图采用同样的方法达到不同的效果,这正是智慧的萌芽状态。

4.第四个子阶段

第二级循环反应的协调和应用,产生了实际的智慧,便使发展进入第四个子阶段(第8~10个月)。这一阶段中目的与手段(方法)之间协调是新生的。而且在无法预见的情况下,每次都有不同的创造性,但所有使用的方法都是从已知的动作格式中产生的。

5.第五个子阶段

当儿童发现了达到目的的新手段时,便出现了第三级循环反应。儿童的认知发展进入了第五个子阶段(第11~12个月),从已知的格式中寻求新的方法,即所谓的"支持物的行为模式"。

6. 第六个子阶段

第六个子阶段(第 12~18 个月)。这一子阶段标志着感知运动阶段的终结和向下一时期(前运算阶段)的过渡。

感知运动阶段的发展使儿童获得动作逻辑———一种实践的智慧。形成感知运动智慧的行动是可以重复的,而且是可以概括的。凡能在动作中重复和概括的东西,就可以称为格式。一个格式往往包含着几个子格式,形成包含逻辑。这是包含关系的开端。在以后的阶段中,这种包含关系便形成类的概念。

序列逻辑:为了完成一个目的,我们务必通过一定的手段。手段和目的之间有一个次序。正是这种实践的次序关系,成为以后逻辑数理的序列结构。

对应逻辑:婴儿重复一个动作时先做的动作与后做的动作是一一对应的。

7. 客体永久性和位移群

感知运动智慧的守恒性特征表现为客体永久性的观念。客体永久性是儿童以后获得守恒观念在机能上的等价物。

与客体永久性的表征相类似的是在儿童的意识中也形成了空间、时间和因果关系的表象。客体永久性表象的产生,与时间、空间表象的形成是密切联系的。

儿童通过空间的移动逐渐组织为结构,如 $AB+BC=AC$, $AB=BA$, $AB+BA=AA$, $AC+CD=AB+BD=ABCD$,这表示空间和感官逐渐地协调了起来。皮亚杰把儿童运动的这种组织称为"位移群"。

感知运动水平的"位移群"就是把现实的运动结合为群,在这些运动之间建立动作上的可逆关系。儿童可以理解朝向于某一方向的运动能被朝向于另一方向的运动所抵消,通过许多通道中的任何一条能到达空间的某一点(即迂回行为)。

客体永久性和位移群的形成,是儿童在感知运动阶段从自我中心状态的第一次解除,是第一次去中心化的重大成果。

(二) 动作的内化

1. 表象性思维

经历了感知运动智慧的发展,儿童的动作越来越内化,逐渐产生了智力活动的内部形式。这时儿童有了借助表象进行思维的可能,我们称之为表象性思维。

2. 怎样才能从感知运动智慧向表象性思维过渡

当为了适应现实而必须把现实想象为符合实际的样子时,儿童才产生了进行表象性思维的需要。

延迟模仿、象征性游戏、绘画、心理映象和言语都属于符号功能。任何一种符号都能使儿童在想象的情境中完成某种动作。这是在儿童发展进程中,现实对象与符号手段之间的第一次分化。其中,有一些符号手段,与所标志的对象之间没有共同之处,如象征性游戏;有些符号手段则是个别对象的形象表示,如儿童绘画和心理映象;还有些符号手段,如言语,是社会约定俗成的。各种符号功能都有一个共同的起源———主体的实际动作。

皮亚杰将儿童的游戏分为四类:感知-运动水平上的游戏(适应动作的重复)、象征性游戏、规则游戏和创造性游戏(智力游戏)。象征性游戏是儿童特有的活动。

介于象征性游戏与心理映象之间的是儿童绘画。皮亚杰认为,儿童绘画是智力发展的尺度。

心理映象是内化了的模仿的结果,是借助于内部的心理动作的模仿。心理映象是感知过的事件和物体的积极的模型。

言语在智力活动中的作用特别重要,它给儿童思维的发展和行为带来了本质的变化。儿童借助言语可以讲述发生过的动作,可以预见将来,可以与人交往,从而达到动作的社会化。最后,语言的内化,使思维的过程得以实现。

综上所述,各种不同的表象都是内化的心理动作。

表象性思维的工具是表象。表象为儿童的理解水平提供了一些正确但是缓慢的进展。但是,表象本身自然保持着静态的和不连续的性质,忽视了转变的过程,缺乏可逆性,因而,它本身不足以产生运算的结构。因此,皮亚杰把前运算时期的思维称之为"半逻辑的思维"。

半逻辑的另一个特征是同一性概念先于守恒性概念。

直觉的机制,是利用表象与内在经验的形式简单地把感知和运动内化了。

(三)内化的可逆的动作——运算

运算就是内化的可逆的动作。

运算不是孤立的。一个单独的内化动作,只能算作直觉表象,不能算作运算。凡运算,都不是孤立的。运算总是随着同类运算总体的变化而形成的。

儿童在 11~12 岁之前,处于具体运算阶段,即他们只涉及现实本身,尤其只涉及那些为真实行动所操纵的、可触及的客体。

到了 11~12 岁,逻辑的运算开始从具体操纵客体阶段转变到观念阶段,形式运算成了可能。在这个阶段,逻辑运算是用某种符号(语词或数理符号等)来表达,而不再用感知、经验或信念来加以支持了。

构成形式运算思维的条件是什么? 儿童不仅必须对客体应用运算,而且还必须在没有客体而用纯粹的命题的条件下,对这些运算进行"反省思考"。这种反省思考即是对思维的思维,是高一级的第二级思维。皮亚杰说,"具体思维乃是一种可能的行动的再现(或表象),而形式思维则是可能的行动再现的再现。""从它们的机能来讲,形式运算和具体运算并没有什么不同,不过前者应用于假设或命题而已。形式运算产生了'命题的逻辑'而具体运算产生了关系、类、数目的逻辑。"

【真题训练】

1.(2017.10)(单项选择题)内化的可逆的动作是(   )

A. 平衡化   B. 组织   C. 相互作用   D. 运算

【答案】D

【解析】运算就是内化的可逆的动作。

2.（2019.10）（单项选择题）思维的起点是（　　）

A. 运算　　　　　　B. 智慧　　　　　　C. 动作　　　　　　D. 逻辑推理

【答案】C

【解析】皮亚杰理论认为,思维起源于动作,动作是思维的起点。

3.（2020.10）（单项选择题）皮亚杰认为介于象征性游戏与心理映像之间的是（　　）

A. 表象　　　　　　B. 延迟模仿　　　　C. 儿童绘画　　　　D. 直接模仿

【答案】C

【解析】介于象征性游戏与心理映象之间的是儿童绘画。

考点四：阶段论与平衡化

（一）阶段论

皮亚杰认知发展阶段的特征具有以下性质：

1. 阶段的获得次序是连续的、恒定的

这里所说的连续和恒定不是指时间（年龄）,而是指相继的次序。

阶段的连续性除了表现为次序的恒定外,还必须是稳定的,即一个特征不可能在某些被试中出现在另一特征之前,而在另一组被试中却出现在另一特征之后。换一句话说,行为的连续顺序应具有普遍性,否则,就不能确定阶段。

2. 阶段的整合性

整合性指阶段之间的内在关系,在某一年龄所构造的结构将成为下一年龄结构的一个整合的部分。

3. 阶段的双重性

每一个阶段,一方面包括一个准备水平,另一方面包括一个完成水平。这是由于每一个阶段的形成是一个动态的过程。它需要不断地同化和顺化,需要连续地平衡,最后形成一个稳定的整体的结构。所以,每一个阶段都包含着形成的过程和最后平衡的形式。最后平衡的形式,意味着整体结构的形成。

（二）平衡化

1. 平衡化的含义

所谓平衡化,就是对更好的平衡的追求。它有时指一种状态,但更多的是指一个过程,即追求新的平衡的过程。

皮亚杰认为,影响发展的因素,即发展的条件有四个,即成熟、物质环境的经验、社会环境的影响和平衡化。前三者是发展的经典性因素,而第四个条件才是真正的原因。

（1）成熟。大脑与神经系统的成熟对认知的发展具有重要影响。

（2）经验。这是通过与外界物理环境的接触而获得的知识,包括三类不同的来源:一类是简单的练习,包括并不引出任何知识的纯粹动作重复、能提供外源信息的探索知觉活动的练习或进行试验的练习。一类是物理经验,指对于对象采取行动并通过一些简单的抽象过程从客体本身中引出信息。第三类为逻辑数理经验。

（3）社会环境的影响。主要指语言和教育的影响。

（4）平衡化。平衡化是主体对外界干扰所进行的一些积极的反应的集合。从这个意义上讲,平衡和运算的可逆性是浑然一体的。最高的平衡状态不是一种静止的状态,而是主体最高程度的活动。它既是对现实干扰进行补偿,也是对可能的干扰的补偿。皮亚杰说,"平衡化是发展的基本因素,并不是一种夸张;平衡化甚至是协调其他三种因素的必要因素。"

2. 平衡的三种类别

（1）同化和顺化之间的关系。当同化与顺化之间达到一定的比例,形成适应状态,就是一种平衡。

（2）主体格式中各子系统之间的平衡。

（3）在任何阶段上,主体的部分知识与总体知识之间,必定要逐渐建立一种稳定的平衡。总体的知识不断地分化到部分中去,而部分的知识又不断地整合到总体中来。这种分化和整合的平衡,起着基本的生物学作用。这种平衡是根本性的。

我们不能把平衡想象成一种静止的、固定的状态,而应该把平衡当一个持续的追求更好状态的连续的、动态的过程。

考点五：语言与思维的关系

关于语言和思维的关系,集中在两个问题上:（1）语言在动作内化为表象和思想方面起什么作用？（2）语言是逻辑运算本身的来源吗？

对于第一个问题,皮亚杰认为,语言在动作内化为表象和思想方向上无疑起着主要的作用。但是,这种语言的因素不是唯一起作用的因素。我们必须把象征的或符号学的机能作为一个整体来考虑,而语言只是其中的一部分。表象的工具包括延迟模仿、象征性游戏、绘画、心理映象和言语五种,而一般性的模仿早在获得语言之前就构成了知觉运动和象征机能之间的过渡。因此,语言必须置于象征机能的一般格局中加以考虑,不论它所占的地位是多么重要。

对于第二个问题,皮亚杰认为思维与语言是异源的。从发生上看,思维起源于动作,而语言产生于经验。逻辑的起源要比语言的起源深远得多,思维不能归结为语言,也不能用语言去解释思维。许多实验研究证实,是智慧运算促进了语言的进步,而不是相反。语言似乎不是运算进展的动力,不过是为智慧服务的一种工具而已。

考点六：学习与发展

从皮亚杰的论著中,可以看到他对于学习与发展的基本观点如下:

（1）学习从属于主体的发展水平。

（2）知识是主、客体相互作用的结果。

（3）早期教育应该着眼于发展儿童主动活动。

考点七：对发生认识论的评析

（1）揭示了儿童认知发展过程中的质的演变,对正确认识儿童心理发展作出了杰出贡献。

（2）皮亚杰的发生认识论丰富了心理学基本理论的体系。

考点八：发生认识论与学前教育

（1）充分认识幼儿思维的自我中心特点。
（2）重视动作发展对思维的价值。
（3）学习要适应儿童的发展水平。
（4）正确看待语言与思维发展的关系。

四、 同步强化练习

1. 单项选择题

（1）同化作用与顺化作用越是分化细致和相互补充,(　　　)就越彻底。

A. 智慧的同化　　　　　B. 智慧的顺化　　　　　C. 平衡　　　　　D. 适应

（2）根据皮亚杰的研究,儿童发展的早期是(　　　)

A. 感知-运动阶段　　　B. 具体运算阶段　　　C. 形式运算阶段　　　D. 逻辑运算阶段

（3）自我中心未表现在儿童的(　　　)

A. 言语中　　　　　　　　　　　　　　B. 逻辑中

C. 外部行为中　　　　　　　　　　　　D. 以上选项均不正确

（4）自我中心是由于思维缺乏(　　　)

A. 稳定性　　　　　B. 守恒性　　　　　C. 逻辑性　　　　　D. 可逆性

（5）以下选项中,随着年龄增长而变化的反射是(　　　)

A. 惊跳反射　　　　　B. 瞳孔反射　　　　　C. 膝跳反射　　　　　D. 吸吮反射

（6）当儿童开始试图采用同样的方法达到不同的效果时,体现的是(　　　)

A. 第一级循环反应　　　　　　　　　　B. 第二级循环反应

C. 第三级循环反应　　　　　　　　　　D. 第四级循环反应

（7）儿童能从已知的格式中寻求新的方法,体现的是(　　　)

A. 第一级循环反应　　　　　　　　　　B. 第二级循环反应

C. 第三级循环反应　　　　　　　　　　D. 第四级循环反应

（8）下述选项中,对儿童第一次去中心化的重大成果表述最为准确的一项是(　　　)

A. 客体永久性的形成　　　　　　　　　B. 位移群的形成

C. 客体永久性和位移群的形成　　　　　D. 守恒观念的形成

（9）皮亚杰所说的"半逻辑的思维"处于（　　　）

A. 前运算阶段　　　　　B. 逻辑运算阶段　　　　C. 感知-运动阶段　　　D. 具体运算阶段

（10）前运算时期思维的"半逻辑"的特征是守恒性概念晚于（　　　）

A. 整体性概念　　　　　B. 逻辑性概念　　　　　C. 同一性概念　　　　　D. 适应性概念

（11）皮亚杰认为，智力发展的尺度是（　　　）

A. 心理映像　　　　　　B. 象征性游戏　　　　　C. 儿童绘画　　　　　　D. 创造性游戏

（12）阶段的滞差的概念体现了发展的（　　　）

A. 阶段性　　　　　　　B. 顺序性　　　　　　　C. 渐进性　　　　　　　D. 不均衡性

（13）儿童语言的发展是从自我中心的独白，发展到集体独白，最后发展为（　　　）

A. 逻辑性语言　　　　　B. 社会化语言　　　　　C. 超我语言　　　　　　D. 本我语言

（14）关于学习与发展，皮亚杰认为，学习从属于（　　　）

A. 主体的发展水平　　　B. 客体的发展水平　　　C. 学习者的认知结构　　D. 行为的强化

（15）皮亚杰十分重视早期教育，他认为早期教育的重要任务就是促进（　　　）

A. 安全感的建立　　　　　　　　　　　　　B. 认知的发展

C. 儿童与客观环境的融入　　　　　　　　　D. 行为习惯的养成

2. 名词解释题

（1）位移群

（2）表象性思维

（3）平衡化

3. 判断说明题

（1）皮亚杰认为，儿童最初具有的动作是智慧性动作。

（2）皮亚杰认为，第一级循环反应在时间和空间上比遗传反射有较大的灵活性，属于智慧动作。

（3）客体永久性和位移群的形成，是儿童在感知运动阶段从自我中心状态的第一次解除。

（4）幼儿的同一性概念是不变的。

（5）皮亚杰认为，每一个结构的形成，是两种对立力量的均衡。

4. 简答题

（1）皮亚杰认为，任何一次自我中心的解除，必须有哪两个条件？

（2）皮亚杰认为影响发展的因素有哪些？

（3）皮亚杰认知发展阶段的特征具有哪些性质？

（4）皮亚杰分析了三种类别的平衡，分别是什么？

5. 论述题

论述儿童解除自我中心的三个阶段。

6. 案例分析题

（2018.10）阅读下列案例材料，然后回答问题。

中班美术活动结束时,当我在许多"乱七八糟"的作品中再次看到娟娟工整规范的画时,我为她流畅的笔触而感动,她画的每一幅画都是那么认真。但与此同时,我也为娟娟十分规范的构图而担心,她的作业中透露着这个年龄的孩子不该有的"严谨"。

同时,我还发现娟娟每次在画新的作品时,都会对我说:"老师,我不会画,你教教我吧!"这是为什么? 我和娟娟妈妈进行了交流。原来娟娟在三岁左右,妈妈就开始教她画动物、人物等,在画画前妈妈总会对她说:"看妈妈怎么画的,先画一个圆,旁边再画短线条……""娟娟,你怎么将苹果涂成蓝色了,苹果应该是红色或绿色的。来,妈妈教你涂。"娟娟在妈妈的指导下果然越画越像,已经习惯于成人教她怎么画,她就怎么画,一旦让她画以前没有画过的东西,她就不知道如何画。

请运用语言与思维发展的原理分析以上案例。

五、 参考答案及解析

1. 单项选择题

(1)【答案】D

【考点】认知结构及其机能

【解析】同化作用与顺化作用越是分化细致和相互补充,适应就越彻底。

(2)【答案】A

【考点】认知结构及其机能

【解析】根据皮亚杰的研究,儿童发展的早期是感知-运动阶段。

(3)【答案】D

【考点】儿童认知中的自我中心

【解析】所谓自我中心是指儿童把注意集中在自己的观点和自己的动作上的现象。这种自我中心不仅表现在儿童的言语中、表象中、逻辑中,而且在儿童的外部行为中也比比皆是。

(4)【答案】D

【考点】儿童认知中的自我中心

【解析】究其本质,自我中心是由于思维缺乏可逆性,而缺乏可逆性的机制则在于同化与顺化的对抗。

(5)【答案】D

【考点】儿童思维发展的过程

【解析】吸吮反射、抓握反射随年龄增长而变化。

(6)【答案】B

【考点】儿童思维发展的过程

【解析】第二级循环反应的形成组成了感知运动阶段的第三个子阶段。儿童开始试图采用同样的方法达到不同的效果,这正是智慧的萌芽状态。

(7)【答案】C

【考点】儿童思维发展的过程

【解析】当儿童发现了达到目的的新手段时,便出现了第三级循环反应。儿童的认知发展进入了第五个子阶段,从已知的格式中寻求新的方法,即所谓的"支持物的行为模式"。

（8）【答案】C

【考点】儿童思维发展的过程

【解析】客体永久性和位移群的形成,是儿童在感知运动阶段从自我中心状态的第一次解除,是第一次去中心化的重大成果。

（9）【答案】A

【考点】半逻辑的思维

【解析】皮亚杰把前运算时期的思维称之为"半逻辑的思维"。

（10）【答案】C

【考点】动作的内化

【解析】半逻辑的一个特征是同一性概念先于守恒性概念。

（11）【答案】C

【考点】动作的内化

【解析】皮亚杰认为,儿童绘画是智力发展的尺度。

（12）【答案】D

【考点】阶段论与平衡化

【解析】在皮亚杰关于阶段的理论中,还有一个概念比较难懂,即阶段的滞差。这一概念实际上表明皮亚杰承认了发展的不均衡性。

（13）【答案】B

【考点】语言与思维的关系

【解析】皮亚杰在其著名的论著《儿童的语言与思维》中提出,儿童语言的发展是从自我中心的独白,发展到集体独白,最后发展为社会化语言。

（14）【答案】A

【考点】学习与发展

【解析】对于学习与发展,皮亚杰认为学习从属于主体的发展水平。

（15）【答案】B

【考点】学习与发展

【解析】对于学习与发展,皮亚杰认为早期教育应该着眼于发展儿童主动活动,早期教育的重要任务就是促进认知的发展。

2. 名词解释题

（1）位移群,就是把现实的运动结合为群,在这些运动之间建立动作上的可逆关系。

（2）经历了感知运动智慧的发展,儿童的动作越来越内化,逐渐产生了智力活动的内部形式。这时儿童有了借助表象进行思维的可能,我们称之为表象性思维。

（3）平衡化就是对更好的平衡的追求。它有时指一种状态,但更多的是指一个过程,即追求新的平衡的过程。

3. 判断说明题

（1）错误。

说明：皮亚杰认为，思维起源于动作，动作是思维的起点。儿童最初具有的动作是反射性动作，本身并不具有智慧性质。从反射动作到智慧动作，再内化为具有可逆性的动作——运算，需要一个发展过程。

（2）错误。

说明：皮亚杰认为，第一级循环反应虽然在时间和空间上比遗传反射有较大的灵活性，但还算不上智慧动作，因为这时儿童的行为与效果之间没有分化，行动还没有目的。

（3）正确。

说明：客体永久性和位移群的形成，是儿童在感知运动阶段从自我中心状态的第一次解除，是第一次去中心化的重大成果。

（4）错误。

说明：幼儿的同一性概念是变化的。

（5）错误。

说明：皮亚杰注意到，每一个结构的形成，不是两种对立力量的均衡，而是一个自动调节的过程。结构的构造主要是平衡化的工作。

4. 简答题

（1）皮亚杰认为，任何一次自我中心的解除，必须有两个条件：第一，意识到自我是主体，并把主体与客体区别开来；第二，把自己的观点与他人的观点协调起来，而不是把自己的观点当作绝对真理。

（2）皮亚杰认为，影响发展的因素，即发展的条件有四个，即成熟、物质环境的经验、社会环境的影响和平衡化。前三者是发展的经典性因素，而第四个条件才是真正的原因。

（3）① 阶段的获得次序是连续的、恒定的。

② 阶段的整合性。

③ 阶段的双重性。

（4）① 同化和顺化之间的关系。

② 主体格式中各子系统之间的平衡。

③ 分化和整合的平衡。

5. 论述题

从出生到青少年的智力发展中，儿童从三个不同的水平上解除自我中心：

（1）第一次是在出生到 2 岁之间，儿童从完全分不清主体与客体的混沌状态发展到能理解世界是由客体组成的，而他本人也是一个在时间和空间上客观存在的人。

（2）第二次自我中心表现在前运算阶段，儿童分不清自己的观点与其他人的观点之间的差别，7～8 岁时，由于去中心化的结果，儿童得以理解物体之间的客观关系，并且在人们之间建立合作关系。

（3）第三次自我中心出现在 11～14 岁，少年儿童认为自己的思维能力是无限的，沉湎于无休止的脱离现实的"改造社会"的议论之中，这个时期的去中心化是儿童从抽象地改造社会转变为实际的活动家，开始严肃地、切实地考虑实际职业和工作，产生了一种成人感。

皮亚杰认为，任何一次自我中心的解除，必须有两个条件：第一，意识到自我是主体，并把主体与客体区别开来；第二，把自己的观点与他人的观点协调起来，而不是把自己的观点当作绝对真理。

6. 案例分析题

（1）皮亚杰认为语言与思维是异源的。思维源于动作，语言产生于经验，个体的思维水平决定着语言的发展水平。

（2）幼儿绘画的过程是幼儿视觉符号表达内心所想、所感，反映幼儿对外部世界进行观察与思考的过程，是儿童的一种自然发现。该案例中的妈妈对娟娟绘画过程进行的语言指导不当，限制了娟娟的思维，扼杀了她的想象力和创造力，最终导致儿童不会画。暴露了成人对儿童语言与思维发展等关系的错误认识。

（3）语言是思维的工具，语言是为思维服务的，个体的思维水平决定着语言的发展水平，该案例中的妈妈过分重视语言的作用，而忽视了幼儿的直观行动思维和具体形象思维，使娟娟的绘画过程变成了执行妈妈语言指令的过程，约束了儿童对美的感受以及表现美的意识与能力。

（4）幼儿的思维是在各种探索行为中得到发展，成人过度地用语言去引导孩子的表达方式，以致儿童缺乏主动思考和探索的机会，从而限制了儿童的内部智慧发展。

（5）成人应更多地鼓励和引导幼儿主动探索世界，寻求答案，以独特的方式表达自己的内在感受和眼中的客观世界，才能使儿童思维得到良好发展。

第六章
社会文化历史学派的心理发展理论

一、 教材知识思维导图

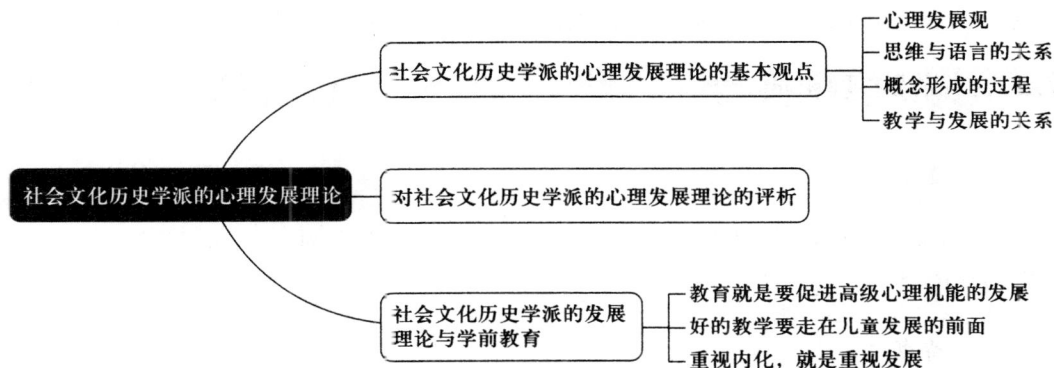

社会文化历史学派的心理发展理论
├─ 社会文化历史学派的心理发展理论的基本观点
│   ├─ 心理发展观
│   ├─ 思维与语言的关系
│   ├─ 概念形成的过程
│   └─ 教学与发展的关系
├─ 对社会文化历史学派的心理发展理论的评析
└─ 社会文化历史学派的发展理论与学前教育
    ├─ 教育就是要促进高级心理机能的发展
    ├─ 好的教学要走在儿童发展的前面
    └─ 重视内化，就是重视发展

二、 本章重难点知识概要

重点知识：心理发展观，最近发展区，教学与发展的关系。

难点知识：概念形成的过程。

学习建议：重点认识该理论对教育和教学的指导意义。

三、 重难点知识精讲

考点一：低级心理机能

（一）含义

所谓低级心理机能，是指感觉、知觉、不随意注意、形象记忆、情绪、冲动性意志、直观的动作思维等。

（二）特点

低级心理机能是消极适应自然的心理形式，有简单和复杂之分。

简单的低级心理机能指感受性、最原始的感觉能力，而复杂的低级心理机能指动作思维。它们之所以被统称为"低级的"心理机能，是因为它们具有普遍的共性：

（1）这些心理机能都是不随意的、被动的、由客体引起的。

（2）就反映水平而言，它们是感性的、形象的、具体的。

（3）就它们实现过程的结构而言，它们都是直接的、非中介的（不需要工具作为中介）。

（4）就心理机能的起源而言，它们是种系发展的产物，是自然发展的产物，因而它们都受生物学的规律所支配。

（5）它们是伴随生物自身结构的发展，尤其是神经系统的发展而发展的。

后来，维果茨基对这一观点又作了重大修改，认为，"通常被认为是最初级的机能在儿童那儿服从于完全不同于种系发展的早期阶段的规律，其特点是有着同样的中介心理结构"。

考点二：高级心理机能

（一）含义

所谓高级心理机能，就是指观察（有目的的知觉过程）、随意注意、词的逻辑记忆、抽象思维、高级情感、预见性意志等。

（二）特点

这些机能具有一系列根本不同于低级心理机能的共同特性：

（1）这些机能是随意的、主动的，是由主体按照预定的目的而自觉引起的。

（2）就反映水平而言，它们是概括的、抽象的。在所有这些高级心理机能中，都有思维的参与。

（3）就其实现过程的结构而言，是间接的，必须经由符号或词作为中介的工具。

（4）就其起源而言，它们是社会历史发展的产物，受社会规律制约。

（5）从个体发展来看，高级心理机能是在人际交往活动过程中产生和发展的。

人之所以不同于其他动物，就是因为人具有一切动物所不具有的高级心理机能，所以人才能总结经验、发现事物的内部联系和规律，主动控制自己的行为，并具有积极地改造客观现实、创造世界的本领。

（三）机能起源

针对人的高级心理机能的发生问题，维果茨基第一次明确地提出了社会起源学说。

高级心理机能的形成和发展，是在人与人的交往中形成的，最初是两人之间的动作，后来内化成他自身的心理活动的组成方式。简言之，两人间的动作转化为儿童内部的心理结构。

（四）中介理论

高级心理机能是通过什么机制实现其发生和发展的呢？维果茨基提出了中介理论。

首先,维果茨基把行为划分为两类,一类是动物具有的自然行为,另一类是人所特有的工具行为。行为的工具也分为两类,一类是物质工具——从最简单的器械到现代化的机器。物质工具是人的物质生产的用品。物质工具越是复杂和高级,物质生产的效益和质量也越高。另一类是心理工具——各种符号、记号、语词、语言。人运用心理工具进行心理活动和精神生产。从人类发展史看,心理工具是随着物质工具的使用而产生和发展的,而物质工具的发展又随着心理工具的使用而得到促进。

维果茨基认为,一切动物的心理机能从其结构上看是直接的,而人的高级心理机能则比低级心理机能多一个中介环节,使它具有了间接的性质。所谓中介环节,就是在心理活动中运用心理工具。心理工具的使用使人的心理机能发生了质的变化。具体地说,一切高级心理机能都是将符号使用作为导向和掌握心理过程的主要手段而包括在自己的结构里,并且是作为全过程里的中心和主要的部分。

（五）儿童心理机能由低级向高级发展的标志

按维果茨基的观点,其标志主要表现为以下四个方面：
（1）心理活动的随意性增强；
（2）心理活动的抽象概括机能增强；
（3）各种心理机能之间关系的变化和重新组合性增强；
（4）心理活动的个别化。

总之,维果茨基认为,所谓发展,就是指心理的发展,而心理的发展表现为心理机能由低级向高级发展。发展的起因在于外部,起源于社会。儿童在与成人交往过程中通过掌握高级心理机能的工具——语言、符号这一中介环节,在低级心理机能的基础上形成了全新质的高级心理机能,心理工具是人类物质生产过程中人与人之间的关系和社会文化历史发展的产物,人的高级心理机能是这些活动和交往形式不断内化的结果。但这两类机能在个体发展过程中是相互交融的。这就是维果茨基的心理发展观。

【真题训练】

1.（2017.10）（单项选择题）以下表述中不属于人的高级心理机能特性的是（　　）
A. 随意　　　　　B. 概括　　　　　C. 直接　　　　　D. 主动
【答案】C
【解析】高级心理机能具有一系列根本不同于低级心理机能的共同特性：(1) 这些机能是随意的、主动的,是由主体按照预定的目的而自觉引起的。(2) 就它们的反映水平而言是概括的、抽象的。在所有这些高级心理机能中,都有思维的参与。(3) 就其实现过程的结构而言是间接的,必须经由符号或词作为中介的工具。(4)就其起源而言,它们是社会历史发展的产物,受社会规律制约。(5)从个体发展来看,高级心理机能是在人际交往活动的过程中产生和发展的。

2.(2017.10)(单项选择题)人的高级心理机能发展过程中所使用的心理工具是(　　)

A. 语言　　　　　B. 动作　　　　　C. 情感　　　　　D. 思维

【答案】A

【解析】儿童在与成人交往过程中通过掌握高级心理机能的工具——语言、符号这一中介环节,在低级心理机能的基础上形成了全新质的高级心理机能,心理工具是人类物质生产过程中人与人之间的关系和社会文化历史发展的产物,人的高级心理机能是这些活动和交往形式不断内化的结果。

3.(2020.10)(单项选择题)儿童心理机能由低级向高级发展的标志是(　　)

A. 创造性增强　　　　　　　　　　B. 心理活动的复杂化

C. 随意性增强　　　　　　　　　　D. 心理活动的多样化

【答案】C

【解析】儿童心理机能由低级向高级发展的标志包括:(1)心理活动的随意性增强。(2)心理活动的抽象概括机能增强。(3)各种心理机能之间关系的变化和重新组合性增强。(4)心理活动的个别化。

考点三:思维与语言的关系

思维与语言的关系的实质是心理功能与意识活动的关系,这个问题的中心环节是思想与词的关系。

维果茨基经过大量的研究,提出的思维与言语关系的理论如下。

(1)维果茨基认为,思维与言语各有不同的发生根源和发展路线。

(2)维果茨基认为,内部言语过程对思维发展有决定性的特殊意义。

关于思维与言语的关系,维果茨基主张用两个相交的圆来表示。一个圆代表思维,一个圆代表言语,两圆相交处表示着"言语思维"的范畴。言语思维既不能包含一切的思维形式,也不能包含全部的言语形式。

【真题训练】

(2019.10)(单项选择题)维果茨基认为,对思维发展有决定性的特殊意义的是(　　)

A. 自我中心言语　　B. 对话言语　　　C. 内部言语　　　D. 外部言语

【答案】C

【解析】维果茨基认为,内部言语过程对思维发展有决定性的特殊意义。

考点四:概念形成的过程

维果茨基的研究表明,概念发展的道路基本上是由概念含混、复合思维和概念思维三个时期组成的,每一个时期又包含着若干个小阶段。

(一) 概念含混时期

儿童依据知觉或动作与表象相互联结成的一个混合形象对一堆物体进行分类,结果是这一堆物体的关系表面上有联系而实际上缺乏内在基础。维果茨基把儿童的这一表现称为用过多的主观联系弥补客观联系的不足,并把印象和思维联系当作物品联系的一种趋势。这种思维在早期幼儿行为中最为常见,是一种无条理联结的思维。但儿童能在头脑中进行主观联系的再生产具有重大的发展意义,它是儿童思维进一步发展的基础。

这一时期可细分为三个阶段。

第一阶段表现为尝试与错误。儿童凭借猜测对物体作出分类,一旦发现错误就调换。

第二阶段表现为儿童按自己的知觉揭示给他的主观联系对物品加以分类。

第三阶段是概念含混时期向第二个时期过渡的阶段。此阶段中概念的含混性形象建立在较为复杂的基础之上,把儿童在以前知觉中联结起来的物品的代表归结为一个意义。

这一时期的儿童以表面现象获得概念。这种表面现象来源于他们的知觉和动作。

(二) 复合思维时期

这时期的思维包括各种各样的类型,它们之间形成一定的联系,导致儿童的全部经验的调整和系统化。维果茨基之所以称这个时期为复合思维,是因为儿童的这种思维已经不再是体现在印象中建立主观联系基础上的几个具体事物的组合,而是体现在真正存在于这些物品间的客观联系的基础上联结成的具体物品的复合体。

维果茨基将复合思维分为以下五个亚型。

1. 联想型复合

儿童在处理对象、物品时,有时根据相同的颜色,有时根据相同的体积,有时根据相同的形状,总之围绕一个具体的醒目的特性为核心,将各种各样的物品归进这一复合体。

2. 集合型复合

集合型复合,即将物品与物品的具体印象结合成特别的组合。维果茨基把这一阶段思维特点概括为:成分的多样性、相互补充和在收集的基础上结合三个特征。

3. 链状型复合

它是儿童掌握概念的必经阶段。儿童建立链状型复合就是暂时地、机动地把一些单个的环节连成一个链,并通过链中的某些个别环节转移意义。维果茨基认为,链状型复合是复合思维"最纯洁的类型"。

4. 弥漫型复合

儿童借助弥漫的、不确定的联系,把几组直观、具体的形象或者物品联结起来。复合思维具有轮廓的不确定性和原则上的无限性。"儿童在这里进入一个弥漫性概括的世界,一切特征都漂移不定,不知不觉地由一个特征转化为另一个特征。这里没有固定的轮廓,这里起主导作用的是无限的复合物,由它们所联结的联系的广泛多样是惊人的。"也就是说,这种联合有助于儿童将越来越新的具体物品归入一个基本种类。

5. 假概念

所谓假概念，是从外部看起来像概念，而从内部看则是复合物的一种复合类型。也就是说，儿童运用复合概括而得出了与抽象概括一样的结果，它表面上与抽象概念相符，但从发生上讲，它是复合概括的结果，因此，就本质而言，它不是真正意义上的概念，而是假概念。

以上五种类型的复合思维，具有的共同的特征就是儿童思维复合着他们感知的事物，将感知的事物联结成一定的组合。因而，就本质而言，复合思维缺乏统一联系，缺乏层次等级，具有直观性，虽然可以与成人交流，但并不是真正的概念。但是，复合思维为将零星分散的印象结合起来奠定初步的基础，为最终过渡到概念思维做好准备。

（三）概念思维时期

这一时期并不是按时间顺序紧跟复合思维结束后而出现的。

第一阶段十分接近假概念，儿童以各成分之间最大限度的类同为基础将具体物品加以概括。

第二阶段称之为潜在概念时期，儿童能区别出他根据某一特征所概括的一组物品。

第三阶段是概念思维时期。对形成真正概念起决定性作用的是词语。儿童借助于词语将抽象的特征符号化。

【真题训练】

（2021.10）名词解释题：假概念

【答案】所谓假概念，是从外部看起来像概念，而从内部看则是复合物的一种复合类型。

考点五：教学与发展的关系

维果茨基认为，面向儿童的教学可以定义为人为的发展，"学校教学是发展的源泉。"

维果茨基的这一基本观点，是针对当时流行的三种发展观而提出的。

第一种发展观认为儿童的发展不依赖于教学过程。

第二种发展观认为教学就是发展。

第三种发展观是二元论的观点，认为发展以两种不同但又相互联系、相互制约的过程为基础。

维果茨基为了正确解决发展与教学之间的关系，提出了一个全新的概念：最近发展区。

在确定发展过程与教学的可能性的实际关系时，维果茨基提出两种水平，第一种水平叫作儿童现实发展水平，第二种水平叫作最近发展区。

（一）现实发展水平

所谓现实发展水平，指的是由一定的已经完成的儿童发展系统的结果形成的儿童心理机能的发展水平。传统的智力测验所得儿童的智力年龄（智龄），就是现实发展水平。但这种现有发展水平不能十分完全地判定儿童发展到"今天"为止的状态。

在学校里,那些儿童之间由最近发展区的差异所决定的区别大于他们现实发展相同水平产生的类同。这种差异首先反映在教学进程中他们智力发展的动态中,也表现在他们的相对成绩中。最近发展区对智力发展和成绩的动态影响,要比他们现实发展水平的影响具有更直接的意义。

（二）最近发展区

最近发展区是一个动态的概念。因为处于某一年龄阶段的最近发展区能在一定条件下转变为下一个阶段的现实发展水平,而下一个阶段又有自己的最近发展区。

儿童今天在合作中能完成的事,到了一定时候便能独立解决。因此,维果茨基指出,"学校中教学和发展的相互关系,好比是最近发展区和现实发展水平的关系一样。"

童年期的教学只有走在发展的前面对发展加以引导,才是好的教学。与皮亚杰不同,维果茨基认为,教学依赖的是正在成熟的功能,而不只是限定在已经成熟的功能中。教学的可能性是由它的最近发展区决定的。因此,从这个意义上讲,学校教学的任何学科总是建立在未成熟的基础之上的。这并不是说教育不要顾及儿童发展的实际水平,不要确定教学的最低阈限,而是说一个正确的、有效的教育既要确定教学的最低阈限,也要确定教学的最高阈限。"只有在这两个阈限之间教学才能取得成效。教学一门课程的最佳时期就在这两者之间。教育学不应当以儿童发展的昨天,而是应当以儿童发展的明天作为方向。只有那时它才能在教学过程中引发现在处于最近发展区里的发展过程。"反之,如果教学不是瞄准最近发展区,而只是把已经完成的发展系统作为目标,那么,从发展的角度看,这种教学是没有什么积极意义的,充其量,只是发展的尾巴。

【案例分析】

一天,3 岁半的小丽和妈妈正在玩拼图。

小丽:妈妈,这个我怎么放不进去呀?（小丽正尝试着把一块拼图放在错误的位置）

妈妈:哪一块可以放在这里呢?（指着拼图的另一个地方）

小丽:鞋子。（于是,小丽去拿鞋子相似的拼图,但是形状不对）

妈妈:对了,但是形状不对,再找一找。（再一次指向拼图）

小丽:红色的那块。（找对了,但是放不进去）

妈妈:转一转,试一下。

小丽:终于好了。

案例中的妈妈通过提问、鼓励和建议等对孩子进行指导,使拼图问题保持在孩子的最近发展区内。通过案例,我们发现生活中的挑战,而非轻易取得的成功,能促进孩子的认知发展。

（三）教学与发展的关系

维果茨基指出,不能把发展与教学等量齐观。发展的速度与教学的速度是不一样的。

个体发展的曲线与学校教学大纲进行的曲线也是不相重合的。教学基本上走在发展的前面,而发展有其自身的内部逻辑。学校各学科的教学对心理过程的引发表现在以下三个事实上:(1)各学科教学的心理基础具有相当大的共同性;(2)教学对高级心理机能的形成具有促进作用;(3)学科教学可加强各项心理功能的相互依从和联系,高级心理机能的发展是学龄期的一个主要的发展成果。而这一系列高级心理机能,尤其是儿童的抽象思维的发展,并不随着学校各学科的分设而分解为各自单独的渠道。

通过以上的分析,维果茨基对于教学与发展的关系所作的结论是:"对于最大限度地依靠认识机能和随意机能的学科,学龄期是教学的最佳时期,或者是敏感期。这些科目的教学也保证了处于最近发展区的高级心理机能发展的最优条件。"

(四)学前儿童的发展特点

维果茨基进而指出了学前儿童的发展特点。

从广义的教学来看,维果茨基认为,在儿童的发展中,教学的性质具有若干个极限点。

第一个极限点是3岁以前的儿童,他们是按照"自己的大纲"进行学习的。所谓"自己的大纲",指的是早期幼儿在与周围环境相处的过程中产生的对知识、技能的需要所决定的那种教学。儿童所经历的各阶段的次序、其延续时间的长短,不是由母亲的"教学大纲"所决定的,而是由儿童从周围环境中如何吸取新知识、发展新能力所决定的。这种类型的教学具有很大的自发性,可称为自发型教学。自发型教学的典型事例是儿童学习语言。

第二个极限点是学龄儿童在学校里跟教师学习。这一时期的教学根据学校的教学大纲进行。儿童自己的"大纲"的比重已经微不足道。这一类型的教学称为反应型教学。

学前儿童的教学则处在自发型与反应型之间,可称为自发反应型教学。

处于自发反应型阶段的幼儿,其教学的特点是从自发的一端向反应的一端运动,这种运动的全部过程可分为两个阶段。前半阶段接近于自发的一端,后半阶段则接近于反应的一端,在整个幼儿期,自发与反应的比重明显地发生变化。因此,幼儿期是一个充满过渡性和发展性的时期,它的重要性也正在于此。

(五)学习的最佳期限

幼儿教育的根本任务在于如何帮助儿童从"按照自己的大纲学习"转变为"按教师的大纲学习",通过学前教育,实现学习的转变,发展儿童的心理。这是一个众所周知的难题。为了寻找解决这一难题的切入口,维果茨基又提出了一个新概念,即学习的最佳期限。

"最佳学习期限"这一概念的提出是从习性学对动物行为研究引申出来的。习性学的有关实验和观察提出了发展的敏感期的概念,即个体在发育的某个时期,对某种类型的环境影响特别敏感。在这一时期结束后或尚未到来之前,这种影响可能会失去原有的作用,甚至起相反的作用。

维果茨基认为,一定时期的教学在智力发展方面会带来更好的效果,过早的教学可能对智力发展造成不良影响。同样,过迟的教学或长时间缺乏教学也会阻碍儿童智力的发展。

关键在于要确定儿童能够接受教学的成熟情况,尤为重要的是要关注儿童尚未成熟和正在成熟的阶段,因此,"对于一切教学、教育过程最富有实质意义的,还是那些正处于成熟期而在施行教学时刻尚未完全成熟的过程。"这种建立在正在开始但尚未形成的心理机能基础上的教学,就是所谓"走在发展前面的教学"。只有这种教学,才能激发和引起个体成熟阶段的一系列功能,对发展过程加以及时的组织,对不良倾向加以及时调整,达到以教学促进发展的目标。

【真题训练】

1.(2021.10)(单项选择题)学前儿童的教学是(　　　)

A. 自发反应型教学　　　B. 反应自发型教学　　　C. 自发型教学　　　　　D. 反应型教学

【答案】A

【解析】学前儿童的教学处在自发型与反应型之间,可称为自发反应型教学。

2.(2020.10)(单项选择题)3 岁以下儿童的学习依据是(　　　)

A. 儿童"自己的大纲"　　　　　　　　B. 幼儿园教育大纲

C. 家庭教育大纲　　　　　　　　　　　D. 婴儿教育大纲

【答案】A

【解析】3 岁以前的儿童,他们是按照"自己的大纲"进行学习的。所谓"自己的大纲",指的是早期幼儿在与周围环境相处的过程中产生的对知识、技能的需要所决定的那种教学。

考点六：对社会文化历史学派的心理发展理论的评析

维果茨基的心理发展理论,尤其是他的高级心理机能理论,是他对心理学理论宝库的重大贡献。维果茨基理论的贡献在于:

(1)为意识的研究注入了新的生命力;

(2)维果茨基关于教学与发展关系的主要结论是"教学应当走在发展前面",教学成了儿童发展的源泉,集中地体现了他的社会文化历史的发展观;

(3)开创了以辩证唯物主义为指导思想的心理学理论体系。

维果茨基的理论也并不是无懈可击的,存在着以下几方面的问题:

(1)过于强调两种心理机能的区别。

(2)过于强调自然过程与文化历史过程的对立。

(3)过分强调教学对发展的决定性作用。

考点七：社会文化历史学派的发展理论与学前教育

(1)教育就是要促进高级心理机能的发展。

(2)好的教学要走在儿童发展的前面。

(3)重视内化,就是重视发展。

四、同步强化练习

1. 单项选择题

（1）关于低级心理机能，以下选项错误的是（　　　）

A. 低级心理机能是随意的　　　　　　　　B. 低级心理机能是感性的

C. 低级心理机能是直接的、非中介的　　　D. 低级心理机能是由客体引起的

（2）维果茨基认为，儿童文化发展中的一切机能都是两次登台的，都表现在两个方面：起初是社会方面，后来才是（　　　）

A. 心理方面　　　B. 行为方面　　　C. 认知方面　　　D. 家庭方面

（3）高级心理机能实现发生和发展的机制是（　　　）

A. 内化理论　　　B. 强化原理　　　C. 中介理论　　　D. 顺化理论

（4）维果茨基把行为划分为自然行为和（　　　）

A. 社会行为　　　B. 潜意识行为　　　C. 非自然行为　　　D. 工具行为

（5）随着儿童的活动与交往形式的不断内化，儿童意识系统越来越具有自己的独特的性质，使心理活动表现出（　　　）

A. 抽象概括机能的增强　　　　　　　　B. 个别化的特征

C. 随意性增强　　　　　　　　　　　　D. 重新组合性增强

（6）当儿童的思维体现在真正存在于物品间客观联系的基础上联结成的具体物品的复合体时，儿童的思维处于（　　　）

A. 概念含混时期　　　B. 复合思维时期　　　C. 概念思维时期　　　D. 逻辑思维时期

（7）儿童有时会根据相同的颜色、体积、形状来处理对象和物品，这是（　　　）

A. 联想型复合　　　B. 集合型复合　　　C. 弥漫型复合　　　D. 假概念

（8）儿童独立地解题与在合作中解题所达到的智力发展水平之间的差异决定了儿童发展的（　　　）

A. 基本发展水平　　　B. 最近发展区　　　C. 现实发展水平　　　D. 系统发展水平

（9）维果茨基分析认为，对于最大限度地依靠认识机能和随意机能的学科，其教学的最佳时期是（　　　）

A. 婴儿期　　　B. 幼儿期　　　C. 学龄期　　　D. 青年期

（10）维果茨基认为，幼儿教育的根本任务在于如何帮助儿童从"按照自己的大纲学习"转变为（　　　）

A. 按先天的大纲学习　　　　　　　　B. 按后天的大纲学习

C. 按教师的大纲学习　　　　　　　　D. 按社会的大纲学习

2. 名词解释题

（1）社会文化历史学派的发展理论

（2）现实发展水平

（3）自发型教学

3．判断说明题

（1）（2020.10）在个体的心理发展过程中,低级心理机能与高级心理机能相互融合与交织在一起。

（2）维果茨基心理发展观认为,外部言语过程对思维发展有决定性的特殊意义。

（3）（2019.10）好的教学要走在儿童发展的前面。

4．简答题

（1）儿童心理机能由低级向高级发展的标志是什么?

（2）简述维果茨基对复合思维的分类。

（3）简述社会文化历史学派的发展理论对学前教育的启示。

5．论述题

（1）论述"走在发展前面的教学"。

（2）对社会文化历史学派的心理发展理论进行评析。

五、 参考答案及解析

1．单项选择题

（1）【答案】A

【考点】低级心理机能

【解析】低级心理机能之所以被统称为"低级的"心理机能,是因为它们具有普遍的共性,这些心理机能都是不随意的、被动的、由客体引起的。

（2）【答案】A

【考点】社会文化历史学派的心理发展理论的基本观点

【解析】维果茨基指出,我们可以将文化发展的一般发生规律作如下的表述:儿童文化发展中的一切机能都是两次登台的,都表现在两个方面:起初是社会方面,后来才是心理方面;起初是人们之间的属于心际的范畴,后来才是儿童内部的属于心内范畴。

（3）【答案】C

【考点】社会文化历史学派的心理发展理论的基本观点

【解析】高级心理机能是通过什么机制实现其发生和发展的呢?维果茨基提出了中介理论。

（4）【答案】D

【考点】行为分类

【解析】维果茨基把行为划分为两类,一类是动物具有的自然行为,另一类是人所特有的工具行为。

（5）【答案】B

【考点】社会文化历史学派的心理发展理论的基本观点

【解析】随着儿童的活动与交往形式的不断内化,儿童意识系统越来越具有自己的独特的性质,使心理活动表现出个别化的特征。

（6）【答案】B

【考点】概念形成的过程

【解析】维果茨基之所以称这个时期为复合思维,是因为儿童的这种思维已经不再是体现在印象中建立主观联系基础上的几个具体事物的组合,而是体现在真正存在于这些物品间的客观联系的基础上联结成的具体物品的复合体。

（7）【答案】A

【考点】联想型复合

【解析】复合思维的第一个亚型称为联想型复合。儿童在处理对象、物品时,有时根据相同的颜色,有时根据相同的体积,有时根据相同的形状,总之围绕一个具体的醒目的特性为核心,将各种各样的物品包括进这一复合体。

（8）【答案】B

【考点】最近发展区

【解析】维果茨基指出,用独立地解答习题的办法确定的这个智力年龄或者现实发展水平和儿童在不是独立地,而是在合作中解题时达到的水平之间的差异,就决定了儿童发展的最近发展区。

（9）【答案】C

【考点】教学与发展的关系

【解析】维果茨基对于教学与发展的关系所作的结论是："对于最大限度地依靠认识机能和随意机能的学科,学龄期是教学的最佳时期,或者是敏感期。这些科目的教学也保证了处于最近发展区的高级心理机能发展的最优条件。"

（10）【答案】C

【考点】教学与发展的关系

【解析】维果茨基认为,幼儿教育的根本任务就在于,如何帮助儿童从"按照自己的大纲学习"转变为"按教师的大纲学习",通过学前教育,实现学习的转变,发展儿童的心理。

2. 名词解释题

（1）苏联心理学家维果茨基以马克思主义哲学为指导思想,构建了一套全新的儿童心理发展理论体系,学术界称之为社会文化历史学派的发展理论。

（2）所谓现实发展水平,指的是由一定的已经完成的儿童发展系统的结果形成的儿童心理机能的发展水平。

（3）儿童所经历的各阶段的次序、其延续时间的长短,不是由母亲的"教学大纲"所决定的,而是由儿童从周围环境中如何吸取新知识、发展新能力所决定的。这种类型的教学具有很大的自发性,可称为自发型教学。

3. 判断说明题

（1）正确。

说明:维果茨基认为,所谓发展,就是指心理的发展,而心理的发展表现为心理机能由低级向高级发展。两类机能在个体发展过程中是相互交融的。这就是维果茨基的心理发展观。

（2）错误。

说明:维果茨基认为,内部言语过程对思维发展有决定性的特殊意义。

（3）正确。

说明:维果茨基对教育学的一大贡献就是提出了"最近发展区"理论。维果茨基的最近发展区理论强调了教学在儿童发展中的主导性、决定性作用。作为教师应该清楚地了解学生所处的发展阶段以及他们所面对的各类问题,只有这样才能使他们的教学超前于发展并引导发展,从而填补学生的现有发展水平与他们潜在发展水平之间的鸿沟,即好的教学要走在儿童发展的前面。

4. 简答题

（1）① 心理活动的随意性增强。

② 心理活动的抽象概括机能增强。

③ 各种心理机能之间关系的变化和重新组合性增强。

④ 心理活动的个别化。

（2）① 联想型复合。② 集合型复合。③ 链状型复合。④ 弥漫型复合。⑤ 假概念。

（3）① 教育就是要促进高级心理机能的发展。

② 好的教学要走在儿童发展的前面。

③ 重视内化,就是重视发展。

5. 论述题

（1）维果茨基认为,一定时期的教学在智力发展方面会带来更好的效果,过早的教学可能对智力发展造成不良影响。同样,过迟的教学或长时间缺乏教学也都会阻碍儿童智力的发展。关键不仅在于确定儿童能够接受教学的成熟情况,更重要的是要关注儿童尚未成熟和正在成熟的阶段,因此,"对于一切教学、教育过程最富有实质意义的,还是那些正处于成熟期而在施行教学时刻尚未完全成熟的过程。"这种建立在正在开始但尚未形成的心理机能基础上的教学,就是所谓"走在发展前面的教学"。只有这种教学,才能激发和引起个体成熟阶段的一系列功能,对发展过程加以及时组织,对不良倾向加以及时调整,达到以教学促进发展的目标。

（2）维果茨基的心理发展理论,尤其是他的高级心理机能理论,是他对心理学理论宝库的重大贡献。维果茨基理论的贡献在于:

① 为意识的研究注入了新的生命力;

② 维果茨基关于教学与发展关系的主要结论是"教学应当走在发展前面",教学成了儿童发展的源泉,集中地体现了他的社会文化历史的发展观;

③ 开创了以辩证唯物主义为指导思想的心理学理论体系。

维果茨基的理论也并不是无懈可击的,存在以下问题:

① 过于强调两种心理机能的区别。

② 过于强调自然过程与文化历史过程的对立。

③ 过分强调教学对发展的决定性作用。

第七章
生态学和习性学的发展理论

一、 教材知识思维导图

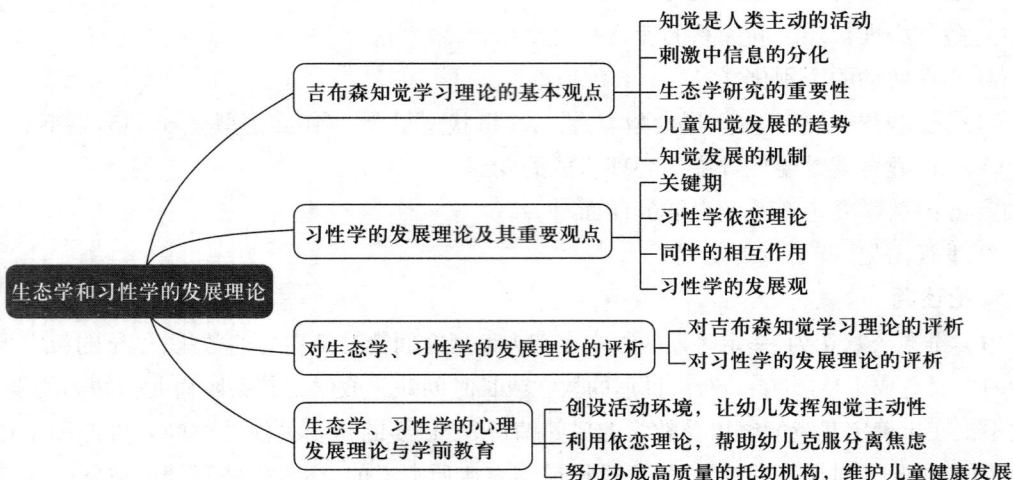

生态学和习性学的发展理论
- 吉布森知觉学习理论的基本观点
  - 知觉是人类主动的活动
  - 刺激中信息的分化
  - 生态学研究的重要性
  - 儿童知觉发展的趋势
  - 知觉发展的机制
- 习性学的发展理论及其重要观点
  - 关键期
  - 习性学依恋理论
  - 同伴的相互作用
  - 习性学的发展观
- 对生态学、习性学的发展理论的评析
  - 对吉布森知觉学习理论的评析
  - 对习性学的发展理论的评析
- 生态学、习性学的心理发展理论与学前教育
  - 创设活动环境，让幼儿发挥知觉主动性
  - 利用依恋理论，帮助幼儿克服分离焦虑
  - 努力办成高质量的托幼机构，维护儿童健康发展

二、 本章重难点知识概要

重点知识:可知度,儿童知觉发展的趋势,关键期,习性学的依恋理论,习性学的发展观。

难点知识:知觉发展的机制,关键期。

学习建议:结合吉布森的有关实验理解可知度;依据吉布森的理论重新认识知觉与思维的关系。紧密联系实际,认识正确理解关键期和依恋理论的现实意义。学会将这两个理论运用到幼教实践中去。

三、 重难点知识精讲

考点一: 吉布森知觉学习理论的基本观点

典型的生态学的心理发展理论是布朗芬布伦纳提出来的环境模型,最内层的系统叫微观系统,如儿童所处的家庭、学校、同伴群体,它们分别构成儿童行为的背景。

家庭、学校、同伴群体这三个微观系统的相互作用,构成了微观系统之外的中间系统。这个中间系统又受到更大的外部系统的影响。外部系统包括父母的工作场所、学校委员会的决策和年长同胞的同伴网络的影响。

处于环境系统最外层的文化环境属宏观系统,包括一系列的态度、习俗或信念。文化环境虽然离儿童的直接经验最远,但对儿童发展的影响却是最深远的。

布朗芬布伦纳清楚地知道,要准确地描述儿童的知觉现象,是件十分困难的工作。因此,研究儿童知觉的发展,成了生态学的心理学研究的重要任务。完成这一任务最出色的研究者是美国儿童心理学家 E.吉布森。

吉布森认为感觉是一种不需要利用联想或其他中介变量就能从原始资料形成知觉印象的系统。知觉是刺激的一个函数,刺激是环境的一个函数,因而,知觉是环境的一个函数,正是这个观点,使得吉布森理论同传统观念决裂。

(一)知觉是人类主动的活动

吉布森认为,知觉是一个激活了的有机体为了认识世界所表现出来的行为,是一种主动的过程。

在儿童的知觉行为中,包含着一般的和特殊的动机。人类,作为一个物种,天生地具有探索和学习的动机,借以认识环境、利用环境、适应环境和改造环境。人对于具体的任务或情景有不同的目标和需要。知觉总是与人的活动目标直接联系着,在环境中积极、主动地探索信息,为实现活动目标服务。因此,吉布森特别强调知觉是适应过程,其意义在于有助于有机体在环境中生存和种族延续。

视崖、抓握反应、回避反应,这些精湛的实验,充分表明知觉活动的主动性。

(二)刺激中信息的分化

吉布森认为,刺激是一个延伸到时间和空间之中的丰富的信息源。刺激在时空中不是静止的或僵化的,因此,它对于人的感官的作用也不是静止的或僵化的。知觉是刺激的函数,刺激是有效信息的组合,知觉远程就是不断地从刺激中分化出有效信息的过程。

吉布森认为,感觉既不是知觉的先决条件,也不是知觉的原始材料。这并不是否认感觉,感觉是人在特定的环境(如实验室中)对人为抽象了的刺激(如纯光、纯味、纯音等)作出的反应,这类人为抽象了的刺激引起的经验并不能等同于现象经验,它只是人为的内省制品。吉布森告诉我们,刺激包含着各种信息,这种信息的获得取决于主体对刺激的个化。而个化的数量和质量取决于主体是否获得足够的知觉刺激以及主体活动的水平。

刺激所携带的信息具有不同的水平。最简单的、具体的水平是儿童通过一个或几个外形特征判断物体或将它们加以区别。

(三)生态学研究的重要性

"可知度"是吉布森的贡献,意思是知觉行为的可行程度,反映的是知觉行为与环境持性之间的关系。知觉某一对象的可知度,就是学习它的意义以及了解下一步知觉行动的可能性。吉布森声称,可知度是由环境直接提供的。

吉布森认为,企图离开生态学的条件孤立地研究知觉,是注定要误入歧途的。心理学只有研究儿童的知觉行为、儿童的目标和作用于他的信息之间的关系,才能真正懂得知觉的发展。

(四)儿童知觉发展的趋势

吉布森从儿童知觉发展的复杂变化中,分析出三种发展趋势:知觉特异性增加、注意实现最优化和信息获得更加经济有效。

1. 知觉特异性增加

随着儿童年龄的增长,儿童知觉与刺激信息之间的一致性增加,也就是说,儿童知觉变得越来越准确。

2. 注意实现最优化

吉布森于 1988 年提出婴儿注意发展阶段的假设。这些阶段并非严格的界限,事实上它们在时间上有重叠。

(1)阶段一(从出生到 4 个月左右),婴儿能在他们直接的视觉范围内,通过转动他们的头和眼,注意事物的实际运动,注视知觉排列,初步地发现物体及其排列的特征,从中得到信息。

(2)阶段二(约 4~7 个月),随着生理的成熟,婴儿手的活动大大增加,如能伸手抓握,视敏度也显著提高。

(3)阶段三(约 8~12 个月),婴儿学会走路后,活动范围大大扩大,因而注意的范围也大大扩展。

从以上三个发展阶段,我们可以概括出儿童的注意与知觉有以下几点变化。

(1)儿童注意的信息与他所面临的任务之间的一致性越来越高,儿童学会更准确地确定信息与任务之间的关系。

(2)儿童的注意变得越来越灵活。儿童学会在两种不同的知觉方式中确定一个更有效的方式。

(3)儿童的知觉准备状态越来越明显。随着儿童经验的增加,他们对事件发生具有初步的预期准备,学会等待什么、注意什么、看什么等。

(4)儿童的注意变得更加经济、有效。儿童学会注意刺激的结构和次序,把信息运用到自己的实际活动中去,学会如何同时注意更多的信息,从而使注意变得更经济有效。

3. 信息获得更加经济有效

儿童通过确定几次的外部特征、获得恒常性和形成知觉结构单位从而使知觉变得更加经济有效。

(1)确定刺激的外部特征。吉布森所指的"确定刺激的外部特征",主要指儿童学会利用外部特征对一类物体作出判别和根据刺激物的外部特征加以分类,从而使知觉获得更多的信息。

（2）获得恒常性。呈现在儿童面前的刺激物由于朝向、距离、光线明暗的变化会造成视网膜成像的不同，但儿童能在成像的变化中认识到对象并没有变，这就是知觉恒常性的获得。

（3）形成知觉结构单元。吉布森理论的一个基本观点即认为世界是有结构的，而我们对这一结构能逐渐地加以认识。人们不可能对原本无结构的世界强加上一个结构。对于有结构的世界来说，人的知觉发现了这个结构，便能准确地把握对象。

（五）知觉发展的机制

为了进一步解释儿童知觉的发展，吉布森于 1969 年提出了知觉发展的机制：抽取、过滤和注意的外周机制。

1. 抽取

大脑抽取信息的功能是知觉发展的机制。

2. 过滤

事实上，过滤和抽取是一个问题的两个方面，如同一个硬币的两面一样。典型的过滤与抽取作用的事例被称为"鸡尾酒宴会现象"或"生日宴会现象"。过滤是一种有发展过程的技术。

3. 注意的外周机制

注意的外周机制有助于儿童知觉对象的外部特征、事物之间的关系及结构单元。

到了 1984 年，吉布森又增加了三种活动作推动知觉发展的要素，那就是：探索活动、获得恒常性和结果观察。吉布森认为，这三种活动一起导致发现可知度。"可知度"是吉布森提出的概念，指知觉行为的可行程度。

知觉发展的过程与认知发展过程是紧密相连的，而且呈螺旋形的关系。在螺旋形发展过程的每一圈上，事物的外部特征、新属性作为知觉活动的结果被知觉，不断构建一个丰富的认知世界。

【真题训练】

1.（2018.10）（单项选择题）视崖实验表明知觉活动具有（　　）

A. 主动性　　　　　B. 选择性　　　　　C. 回避型　　　　　D. 敏感性

【答案】A

【解析】视崖、抓握反应、回避反应，这些实验，充分表明知觉活动的主动性。

2.（2019.10）（单项选择题）回避反应实验表明知觉活动具有（　　）

A. 主动性　　　　　B. 选择性　　　　　C. 回避性　　　　　D. 接受性

【答案】A

【解析】视崖、抓握反应、回避反应，这些实验，充分表明知觉活动的主动性。

考点二：习性学的发展理论及其重要观点

（一）习性学家涉足发展心理学的领域

1. 联结

婴儿与稳定的养育者(通常是母亲)之间很早就建立起一种情感上的联结。这种情感上的联结的质量对儿童今后的发展具有重要的影响。我们常讲的印刻和依恋，都是联结的反映。

2. 婴儿与母亲短期分离对儿童心理发展的长期效应

对灵长目动物的相互关系的观察为研究人类亲子关系提供可资参考的原始资料库。

3. 关键期

个体在一生中有某些特定的时期对特定的刺激较为敏感，这时的学习效果比更早或更晚的学习都要更明显。最典型的现象是鸟类的印刻反射和人类儿童的语言学习。

4. 利他行为

按习性学观点，当一个个体以牺牲自己的适应来增加、促进和提高另一个个体的适应时，那就是利他行为。

5. 社会智力

在日常生活中，人们所面临的主要问题是每个人都处在与他人的相互作用之中。解决这些人际问题的能力称为社会智力。

6. 控制—服从行为

为了维持群体组织的存在和运转，需要有一个权威控制着群体，也需要群体成员有序的服从。否则，社会生活将难以为继。

（二）关键期

关键期是著名习性学家洛伦兹1935年提出的一个著名概念。在关键期，生物有机体会出现一些其他行为，如鸟儿学习通常流行的鸣叫风格，动物学会区别同一物种中的雄性和雌性个体，新生儿建立与母亲之间的依恋，儿童掌握语言，儿童发展与他人的社会关系等。

在个体发展过程中为关键期提供最有力证据的事实是儿童语言的获得，儿童在出生第一年的末期开始掌握语言，并能在很短的时间内迅速地掌握母语口语，准确地运用和创造，其速度和能力令人折服和赞叹。

把个体在某一特定发展阶段对某一刺激特别敏感或发展水平最高的时期称作敏感期。

（三）习性学依恋理论

习性学的依恋理论之所以异军突起，引起发展心理学的重视，要归功于鲍尔毕。

20世纪50年代初，鲍尔毕的《母亲照看与心理健康》(1951年)对医学界和教育界产生了巨大的影响，也对各国政府儿童及教育政策的调整提供了指导性依据。

1958 年,鲍尔毕发表了《儿童与母亲关系的本质》,首次论述了依恋理论,其后又陆续出版了《依恋与缺失》三部曲,对依恋理论做了充分展开。

1. 依恋行为

依恋是亲子之间形成的一种亲密的、持久的情感关系。鲍尔毕的一位重要合作者美国心理学家爱因斯沃斯曾下过这样一个定义:"一种依恋是一个人对另一个人所形成的一种感情关系。这种感情关系使他们在时空上联结在一起……我们通常把依恋视为提供爱或感情。"

依恋一旦形成,婴儿会以一系列相互关联的行为系统保持与依恋对象之间的联系。这里主要讲姿势的调整、注视和依偎三种行为。

(1)姿势的调整。在哺乳过程中,婴儿和母亲之间有一种姿势的相互调整。当婴儿在吮吸母亲的乳房或以"拥护"状态被抱起时,婴儿感到特别轻松愉悦,并且把躯体与成人的身体融为一体。身体的接触可以缓解婴儿的紧张情绪,产生愉快的体验。其实,即使不是哺乳的需要,父母抱起婴儿时也会调整姿势。

(2)注视。婴儿的注视行为是被物体的某些特征引发的,婴儿尤其偏爱注视人的面孔。婴儿与成人之间的相互凝视明显地带有情感成分。视觉在早期社会行为发展中起着极为重要的作用。婴儿偏爱那些同他们保持目光接触和交流信息的成人。

(3)依偎。依偎(包括抓握)对婴儿来说也是亲密的接触,而且从习性学角度看,对依恋对象的抓握和依偎是具有遗传基础的。在此基础上,抓握和依偎逐渐演变为一种依恋行为。

2. 依恋关系和依恋行为

依恋关系表示"对谁依恋",而依恋行为表现为"怎样依恋"。依恋关系通过依恋行为得以体现和维持。依恋关系是相对稳定的,而依恋行为则根据情境、年龄、认知水平的不同而变化。

3. 依恋发展的阶段

根据鲍尔毕的研究,儿童依恋的发展经历以下四个阶段。

第一阶段,鲍尔毕称之为"不分依恋对象的导向和信息阶段",为了方便起见,我们称之为无分化阶段。这一阶段婴儿出现了两种基本活动:(1)对周围人物、事件的探索活动。(2)在识别各种刺激的过程中,表现出感情技能(如视觉、听觉)。

第二阶段,低分化阶段(3~6 个月),鲍尔毕称之为"指向一个对象已分化的导向和信息"阶段。在这一阶段,婴儿一方面具有了表示偏爱的意向,另一方面又不具备排他性,因此,第二阶段还不能认为形成真正意义上的依恋。

第三阶段,依恋形成阶段(6 个月至 2 岁半)。鲍尔毕称之为"运用运动和信号同已识别的对象保持亲近"的阶段。本阶段新获得的行为中,最主要的是运动技能。运动技能尤为适合于依恋系统。这一阶段中,信号行为继续起作用,尤其是获得语言后,言语交流也构成了依恋的媒介。

鲍尔毕认为,在第三阶段,儿童的行为获得了"目的—矫正"的性质,具有一种恒定的反馈倾向。鲍尔毕把"目的—矫正"行为的出现当作儿童依恋形成的一个可以接受的标准。

鲍尔毕提出了四项原则来说明婴儿对于一般成人的倾向性以及对某一持久养育者的依恋的发展：

（1）婴儿有一种喜欢注视某种类型的对象和活动对象的自然倾向性；

（2）婴儿能把熟悉的对象从陌生的对象中区分出来；

（3）婴儿有接近熟悉的对象的自然倾向性；

（4）某些结果的反馈导致行为的增加，而另一些结果的反馈则导致行为的减少。

第四阶段，修正目标的合作阶段（2岁半之后）。鲍尔毕认为，这一阶段的主要特征是儿童的自我中心减少了，能从母亲的角度来看问题，这样，就能推测母亲的感情和动机，决定采用什么样的行为和计划来影响母亲的行为。

4. 依恋的生物功能

鲍尔毕明确指出，依恋行为系统的生物功能是保护作用，其最主要的作用是使儿童与成人之间保持一个可以接受的距离，以保护儿童不受进化环境中有害因素的伤害。

5. 依恋的行为系统

鲍尔毕在大量研究的基础上，把婴幼儿的行为分为四个系统，即依恋行为系统、警觉—恐惧行为系统、探究行为系统和指向他人的交往行为系统。依恋行为系统只是多个行为系统中的一个。它的行为表现不是孤立的。

（1）依恋行为系统。这一系统是保证或协调婴幼儿获得并保持同依恋对象的亲近行为。鲍尔毕将这一系统划分为两个子系统，它们是固定—反应行为系统和目标—矫正行为系统。这两个子系统都具有适应价值，其生物功能是保护作用，由此为儿童的生存提供最大的可能性。

（2）警觉—恐惧行为系统。这个系统导致儿童遇到不认识的人或潜在危险的事物时产生回避反应，同样具有适应价值和保护作用。

（3）探究行为系统。探究行为是儿童认知发展的中介，又受认知水平的制约，尤其受对周围环境的认识或控制能力的制约。

（4）交往行为系统。交往行为系统的建立，比依恋行为具有更大的适应价值。这一行为系统不仅是一种生物机制，更重要的是一种社会机制。

从大量的观察和实验研究中，可以总结出婴幼儿四种行为系统之间相互作用的几种联系模式。

（1）陌生人的出现可能激活儿童的警觉—恐惧行为系统。

（2）依恋行为系统或警觉—恐惧行为系统的任何一个被激活时，另外两个行为系统（交往系统和探究系统）的直接目的都可能被控制。

（3）在熟悉的环境里，陌生人的出现可能并不引起儿童的陌生焦虑，反而能激活交往行为系统。同时，探究行为系统也可能被激活。这时，儿童向陌生人表示出害羞的微笑，产生探究行为，而依恋行为系统被抑制。

（4）儿童在新异的、不确定的情境中对新异对象的探究行为发生与否，取决于依恋对象的情绪的性质，如果依恋对象的情绪是肯定的，儿童的探究行为就被激起。如果依恋对象的情绪是否定的,则儿童的探究行为就被抑制。

6. 依恋与分离

婴儿与母亲分离后,会产生分离焦虑。鲍尔毕观察的结果是,分离焦虑经历了三个界限分明的阶段:反抗、失望和超脱阶段。

7. 影响依恋的因素

(1)婴儿的气质特点和智力水平。

学者们普遍认为,气质是影响依恋的一个重要因素。托马斯把婴儿的气质分为三类,即容易照看型、难以照看型和缓慢活动型(见表1)。

表1　婴儿的气质类型

类型	特点
容易照看型	儿童生活有规律,容易适应新环境,如容易接近陌生人,容易接受新事物等,经常表现为正向的情绪,求知欲强、爱游戏、容易得到成人的关爱,这类儿童人数较多,约占75%
难以照看型	儿童生理活动没规律,情绪不稳定、易烦躁、爱吵闹、睡眠不规则,在新环境中易退缩和激动,适应较慢,心境不愉快居多,与成人关系不密切。这类儿童容易发生心理问题。这类儿童人数较少,约占10%
缓慢活动型	儿童对新环境适应缓慢,通常表现较安静和退缩,通过抚爱与教育可以慢慢地活跃起来。这类儿童人数不多,约占15%

关于儿童的智力水平对依恋的影响,主要从有智力缺陷的儿童研究中得到。

(2)母亲的照看方式。

1971年,爱因斯沃斯以同一被试详细考察了照看方式与依恋模式之间的关系。她根据四个维度:敏感性—不敏感性、接受—抗拒、合作—干涉、易接近—冷漠来评定母亲照看方式的行为特征(见表2)。

表2　母亲照看方式的行为特征

类型	特点
安全型依恋儿童	母亲的照看方式在四个维度上都得到高分,即她们的照看方式是敏感的、合作的、接受的和易接近的
回避型依恋的儿童	母亲往往是拒绝的和不敏感的
抗拒型依恋儿童	母亲往往也是抗拒的,而且倾向于干涉和冷漠

(3)照看环境。

儿童与依恋对象之间的正常互动,受到照看环境的制约。这里的照看环境,主要指母亲在家庭中照看儿童,直到其独立活动。随着妇女在生产劳动和社会生活中发挥越来越大的作用,新的照看环境不断出现,如入托、请保姆或委托亲友照看等,导致照看人和照看形式的多样化,这种所谓的多样化也就意味着"母性分离"。

哈维斯 1990 年提出，一个高品质的托儿环境必须具备下列条件：(1) 照顾者与儿童的比例要合理（每个成人分别负责照顾 1~3 个婴儿，1~4 个幼儿或 1~8 个学前儿童）；(2) 照顾者要有亲切、和蔼的态度，能满足婴儿引人注意的需求；(3) 工作人员离职的情况要少，儿童对新的成人伙伴才能熟悉而觉得舒服；(4) 游戏与活动要能适合儿童的年龄；(5) 工作人员愿意（最好是渴望）将儿童的各种发展情况告诉父母。

发现成人和婴儿都具有一种发展依恋关系的生物学倾向，是依恋理论对习性学解释的一个最重要的贡献。

（四）同伴的相互作用

儿童不仅与父母（家庭）进行社会交往，而且也需要与同伴进行社会交往。同伴关系与亲子关系是相互平行的、不可替代的儿童人际关系，具有重要的心理价值。

习性学家认为，人与人之间的社会相互作用的一个重要目的是为了获得各种资源，从而满足自身的部分需要，使个体正常地生活。在社会生活中，一个儿童必须与他人竞争才能获得并保持资源。攻击、威胁、操纵和控制甚至合作，都是竞争性行为。之所以把合作看成是竞争的一种形式是基于两个原因。第一，两个孩子通过合作可以获得一种资源，而这种资源也正是其他孩子希望得到的。因此，这种合作的真实含义是增强竞争的实力。第二，两个合作者之间的贡献有大小，但分配往往是不公的，贡献大的个体有时往往获得资源较少。因此，合作的结果仍然蕴含着竞争。

（五）习性学的发展观

习性学在解释发展时，强调解释行为的起因和行为的功能。就行为的起因而言，可分为即时起因、个体发生的起因和种系发生的起因。

（1）即时起因是直接出现在行为之前的事件。如婴儿看到人脸而微笑，或由于饥饿而啼哭。凡是以生理为基础的动机状态就是一种普遍的即时起因。

（2）个体发生的起因是指儿童在遗传和环境的相互作用下产生的行为变化对以后事件的影响。如早期形成的依恋类型对儿童入学后人际关系的影响等。这一起因需要较长的时间。

（3）种系发生的起因是物种经过几代的发展而形成的行为模式对个体行为的影响。如儿童行为的性别差异，就是人类在种系发展中接受环境的压力而形成的行为特征。

行为的功能可分为即时功能和生存价值。

（1）即时功能是行为的直接结果，如婴儿的啼哭可以唤来父母。

（2）生存价值表现为父母的到来和照料使他免受威胁和得到满足。

习性学家呼吁建立一门关于人的发展的个体生态心理学，即以习性学为基础对人类个体进行观察研究，为发展理论收集丰富的资料，如研究大环境的个体认知地图、环境噪音对个体行为的影响、家庭角色在社会中的变化所造成的后果、自然环境的信息对认知评价的影响等。

【真题训练】

1.（2021.10）（单项选择题）生活有规律,容易适应新环境,情绪积极的儿童属于(　　)

A. 容易照看型　　　B. 难以照看型　　　C. 缓慢活动型　　　D. 灵活活动型

【答案】 A

【解析】 容易照看型的儿童生活有规律,容易适应新环境,如容易接近陌生人,容易接受新事物等,经常表现为正向的情绪.求知欲强、爱游戏、容易得到成人的关爱,这类儿童人数较多,大约占 75%。

2.（2021.10）（单项选择题）爱因斯沃斯认为,抗拒型依恋儿童的母亲具有的特点是(　　)

A. 敏感　　　　　　B. 拒绝　　　　　　C. 干涉和冷漠　　　D. 接近

【答案】 C

【解析】 抗拒型依恋儿童的母亲往往也是抗拒的,而且倾向于干涉和冷漠。

3.（2020.10）（单项选择题）鸟类的印刻反射反映了学习的(　　)

A. 敏感期　　　　　B. 关键期　　　　　C. 联结期　　　　　D. 有效期

【答案】 B

【解析】 关键期:个体在一生中有某些特定的时期对特定的刺激较为敏感,这时的学习效果比更早或更晚的学习都要更明显。最典型的现象是鸟类的印刻反射和人类儿童的语言学习。

4.（2018.10）（单项选择题）根据爱因斯沃斯的研究,婴儿产生分离焦虑经历的第一个阶段是(　　)

A. 失望　　　　　　B. 反抗　　　　　　C. 超脱　　　　　　D. 回避

【答案】 B

【解析】 婴儿与母亲分离后,会产生分离焦虑。鲍尔毕观察的结果是,分离焦虑经历了三个界限分明的阶段:反抗、失望和超脱阶段。

考点三：对吉布森知觉学习理论的评析

吉布森的知觉学习理论有以下特点:

（1）重视知觉的生态环境。

（2）强调通过知觉的主动探索获得知识。

考点四：对习性学的发展理论的评析

（一）优点

1. 为认识社会文化层次的适应和比较提供全程的新视角

适应是习性学理论的核心。习性学除了研究以生物学为基础的种系发生的适应外,还研究对社会文化的适应。

习性学的另一个重要理论概念是比较。虽然习性学主要是对各个物种之间进行比较，但它也能有效地运用于人类社会中跨文化的比较和不同发展水平之间的比较。

习性学的理论贡献不仅在适应和比较的研究上，也反映在它对生命整个发展过程的兴趣上。在个体发展的全程中，不同的发展时期需要有不同的行为与之相适应。对生命全程的行为研究已经为毕生发展心理学所接受，发展心理学家普遍认为：

（1）从受孕到老年，生命的每一时期都在发展之中。

（2）发展的连续性和阶段性是普遍特性。

（3）发展是整体的、综合的，包括身体的、认知的、情感的和社会的各方面。发展是在活动中进行的。

（4）人类具有强烈的社会性和对环境的适应能力。一个特定行为模式的形成和改变，都要从个体所处的物质环境和社会环境中去分析。

因此，发展心理学与习性学的结合，是认识人类个体发展特征和规律的全新尝试。

2. 习性学在自然环境中观察行为的方法推动了发展心理学方法论的进步

习性学热衷于在自然环境中观察动物的行为和习性，是一种具有理论基础的直接观察法。

（二）局限性

（1）它所作的描述多于所能作的解释。

（2）研究内容上有局限。

考点五：生态学、习性学的心理发展理论与学前教育

（1）创设活动环境，让幼儿发挥知觉主动性。

（2）利用依恋理论，帮助幼儿克服分离焦虑。

（3）努力办成高质量的托幼机构，维护儿童健康发展。

四、 同步强化练习

1. 单项选择题

（1）布朗芬布伦纳提出的环境模型是一套复杂的系统。其中最内层的微观系统包括家庭、学校和（　　）

　　A. 自我　　　　　　　B. 社会　　　　　　　C. 同伴群体　　　　　　D. 社区

（2）典型的生态学的心理发展理论是布朗芬布伦纳提出来的（　　）

　　A. 心理模型　　　　　B. 行为模型　　　　　C. 环境模型　　　　　　D. 认知模型

（3）提出知觉学习理论的儿童心理学家是（　　）

　　A. 吉布森　　　　　　B. 布朗芬布伦纳　　　C. 维果茨基　　　　　　D. 皮亚杰

（4）婴儿对物体轮廓迅速放大的信息能作出（　　　）

A. 视崖　　　　　B. 抓握反应　　　　　C. 回避反应　　　　　D. 惊吓反应

（5）在知觉过程中，一面要抽取有用的信息，一面还要排除杂乱的、不相干的"噪音"，这就需要（　　　）

A. 抽取　　　　　B. 过滤　　　　　C. 注意的外周机制　　　　D. 筛选

（6）提出儿童依恋理论体系的心理学家是（　　　）

A. 鲍尔毕　　　　　B. 吉布森　　　　　C. 洛伦兹　　　　　D. 皮亚杰

（7）根据鲍尔毕的研究，依恋形成阶段的时期是（　　　）

A. 0~3个月　　　　B. 3~6个月　　　　C. 6个月~2岁半　　　　D. 2岁半之后

（8）根据鲍尔毕的研究，婴儿3~6个月时，依恋处于（　　　）

A. 无分化阶段　　　　　　　　　　　B. 低分化阶段

C. 依恋形成阶段　　　　　　　　　　D. 修正目标的合作阶段

（9）难以照看型儿童的特征是（　　　）

A. 生活有规律　　　　　　　　　　　B. 容易接近陌生人

C. 通常表现为易退缩和激动　　　　　D. 求知欲强

2. 名词解释题

（1）可知度

（2）利他行为

（3）社会智力

（4）依恋

3. 判断说明题

（1）吉布森认为在人的一生中，无论什么年龄，其提取信息的机制都是不一样的。

（2）关键期，是著名习性学家吉布森1935年提出的一个著名概念。

4. 简答题

（1）简述鲍尔毕对婴幼儿行为系统的分类。

（2）简述影响依恋的因素。

（3）吉布森的知觉学习理论有哪几个特点？

5. 论述题

试论述婴儿分离焦虑的三个阶段及其表现。

五、 参考答案及解析

1. 单项选择题

（1）【答案】C

【考点】生态学的发展理论

【解析】布朗芬布伦纳提出的环境模型是一套复杂的系统。其中，最内层的系统叫微观系统,如儿童所处的家庭、学校、同伴群体,它们分别构成儿童行为的背景。

(2)【答案】C

【考点】生态学的发展理论

【解析】典型的生态学的心理发展理论是布朗芬布伦纳提出来的环境模型。

(3)【答案】A

【考点】生态学的发展理论

【解析】研究儿童知觉的发展,成了生态学的心理学研究的重要任务。完成这一任务最出色的研究者是美国儿童心理学家吉布森。

(4)【答案】C

【考点】吉布森知觉学习理论的基本观点

【解析】根据吉布森的实验研究,婴儿对物体轮廓迅速放大的信息能作出回避的反应。

(5)【答案】B

【考点】知觉发展的机制

【解析】在知觉过程中,一面要抽取有用的信息,一面还要排除杂乱的、不相干的"噪音",这就需要过滤。

(6)【答案】A

【考点】习性学依恋理论

【解析】鲍尔毕在分析和总结习性学研究和精神分析理论的基础上,结合自己几十年的临床研究成果,建立了以进化论—习性学观点为核心的儿童依恋理论体系。

(7)【答案】C

【考点】习性学依恋理论

【解析】根据鲍尔毕的研究,儿童依恋的发展经历四个阶段。第三阶段是依恋形成阶段(6个月~2岁半)。

(8)【答案】B

【考点】习性学依恋理论

【解析】根据鲍尔毕的研究,儿童依恋的发展经历四个阶段。其中,第二阶段——低分化阶段(3~6个月),鲍尔毕称之为"指向一个对象已分化的导向和信息"阶段。

(9)【答案】C

【考点】影响依恋的因素

【解析】难以照看型儿童生理活动没规律,情绪不稳定、易烦躁、爱吵闹、睡眠不规则,在新环境中易退缩和激动,适应较慢,心境不愉快居多,与成人关系不密切。

2. 名词解释题

(1)可知度是知觉行为的可行程度,反映的是知觉行为与环境特性之间的关系。

(2)按习性学观点,当一个个体以牺牲自己的适应来增加、促进和提高另一个个体的适应时,那就是利他行为。

(3)在日常生活中,人们所面临的主要问题是每个人都处在与他人的相互作用之中。

解决这些人际问题的能力称为社会智力。

（4）依恋是亲子之间形成的一种亲密的、持久的情感关系。

3．判断说明题

（1）错误。

说明：吉布森认为在人的一生中，无论什么年龄，其提取信息的机制是一样的，它们只是随着年龄的增长，变得越来越经济有效。

（2）错误。

说明：关键期是著名习性学家洛伦兹 1935 年提出的一个著名概念。

4．简答题

（1）① 依恋行为系统。② 警觉—恐惧行为系统。③ 探究行为系统。④ 交往行为系统。

（2）① 婴儿的气质特点和智力水平。② 母亲的照看方式。③ 照看环境。

（3）① 重视知觉的生态环境。② 强调通过知觉的主动探索获得知识。

5．论述题

分离焦虑经历了三个界限分明的阶段：反抗、失望和超脱阶段。

（1）反抗阶段。儿童极力地阻止分离，自发地采取各种手段试图与母亲重新亲近。此时依恋行为大为增加，反抗行为的持续时间和强度因场合的不同而各异，通常不会持久。但是，继续的分离可能会减弱依恋行为，也可能间歇地增强依恋行为，最终也可能消失。

（2）失望阶段。当与母亲亲近的愿望得不到满足，儿童开始失望，反抗行为也随之减少，反抗强度也随之减弱。儿童处于一种失助状态，不理睬别人，表情迟钝，由烦恼转为安静。其实，尽管指向母亲的依恋行为消失了，但依恋联结依然存在。划分依恋行为与依恋联结十分重要，如果把依恋行为与依恋加以混同，可能会因依恋行为的改变而断言依恋的消失，这是不符合事实的。在与母亲分离期间，如果儿童能幸运地得到一位替代母亲的照看，分离痛苦就会大大减轻。儿童的依恋行为会指向替代母亲。但是，儿童对替代母亲的依恋行为并不会削弱儿童对自己母亲的依恋。事实上，它能促进而不是妨碍儿童与母亲重逢时正常关系的迅速恢复。

长期的被迫分离，如果期间又缺乏替代母亲的敏感的照看，重逢时依恋行为的再现肯定会有些迟缓。迟缓的程度与分离期间外显依恋行为消失的时间长短和消失的程度有关。在重逢时，儿童可能注视母亲而并不立即出现依恋行为，可能表现为拒绝，也可能表现为不感兴趣。这就进入了鲍尔毕所说的第三阶段。

（3）超脱阶段。此时，儿童的依恋行为被抑制，但依恋联结并没有消失，而是在内部以某种方式体现出来。鲍尔毕的研究表明，适当的迟缓之后，儿童的超脱反应立即被强烈的依恋行为所取代，母亲走到哪里，儿童就跟到哪里，想要保持身体的接触行为，在频率和强度方面都远远超出了分离之前的表现。由所谓的超脱行为戏剧性地转变为依恋行为，显然这不是一个重新学习的过程。

模拟演练试卷（一）

第一部分　选择题(20分)

一、单项选择题：本大题共 20 小题，每小题 1 分，共 20 分。在每小题列出的备选项中只有一项是最符合题目要求的，请将其选出。

1. (2019.10)以下不属于发展理论三大任务的是(　　)

A. 描述心理领域发展过程　　　　　　　B. 描述心理领域之间的关系

C. 解释发展的动力和机制　　　　　　　D. 预测未来发展的趋势

2. 新生儿的颈强直反射反映的是(　　)

A. 个体成熟的原则　　　　　　　　　　B. 发展方向的原则

C. 机能不对称的原则　　　　　　　　　D. 相互交织的原则

3. 可为儿童中枢神经系统的发育提供线索的是(　　)

A. 动作能　　　　　B. 应物能　　　　　C. 言语能　　　　　D. 应人能

4. (2021.10)在格塞尔成熟理论中，正确育儿的第一要义是(　　)

A. 引导儿童发展　　　　　　　　　　　B. 尊重儿童的天性

C. 发现孩子的每一点进步　　　　　　　D. 抓紧每一分钟教育孩子

5. 华生认为心理学是一门(　　)

A. 实用性的科学　　B. 实验性的科学　　C. 实例性的科学　　D. 实质性的科学

6. 斯金纳提倡的"忽视"，其实质是对不良行为的(　　)

A. 惩罚　　　　　　B. 消退　　　　　　C. 消极强化　　　　D. 不强化

7. 影响儿童攻击性行为的最主要的来源是(　　)

A. 家庭成员　　　　B. 社区文化氛围　　C. 信息传播工具　　D. 同伴

8. 在幼儿园里，最常见的基于强化原理的方法，叫(　　)

A. 惩罚　　　　　　B. 奖励　　　　　　C. 消退　　　　　　D. 代币法

9. 力比多转化为社会赞同的高级文化活动，如艺术、科学和哲学，这叫(　　)

A. 转换　　　　　　B. 升华　　　　　　C. 升级　　　　　　D. 移情

10. 儿童性欲的发展，呈现停滞或退化的现象的阶段是(　　)

A. 前生殖器期　　　B. 肛门期　　　　　C. 潜伏期　　　　　D. 青春期

11. 霍妮认为，一个处境不良的儿童最终是否形成神经质倾向，与他人格中的_____是否失调有关。(　　)

A. 自我　　　　　　B. 本我　　　　　　C. 超我　　　　　　D. 原我

12. 皮亚杰认为,决定人能否获得知识以及获得什么知识的是(　　)

A. 行为习惯　　　　　B. 潜意识　　　　　C. 内化作用　　　　　D. 认知结构

13. 皮亚杰认为,习惯形成的基础是(　　)

A. 强化　　　　　B. 内化　　　　　C. 顺化　　　　　D. 循环反应

14. 对思维的思维,高一级的第二级思维叫(　　)

A. 元认知　　　　　B. 逻辑性思维　　　　　C. 反省思考　　　　　D. 具体性思维

15. 维果茨基认为,婴儿随意注意行为方式源于(　　)

A. 婴儿个性的内部　　　　　　　　　B. 婴儿个性的外部

C. 婴儿认知的内部　　　　　　　　　D. 婴儿认知的外部

16. 儿童凭借猜测对物体作出分类,一旦发现错误就进行调换,这叫(　　)

A. 循环尝试　　　　　B. 重复尝试　　　　　C. 尝试与错误　　　　　D. 概念含混

17. 维果茨基认为,发展有其自身的内部逻辑,教学基本上走在发展的(　　)

A. 前面　　　　　B. 后面　　　　　C. 同步阶段　　　　　D. 不确定

18. 吉布森认为,一个激活了的有机体为了认识世界所表现出来的行为是(　　)

A. 感觉　　　　　B. 知觉　　　　　C. 意识　　　　　D. 认知

19. 著名习性学家洛伦兹1935年提出一个著名概念,这个概念是(　　)

A. 关键期　　　　　　　　　　　B. 利他行为

C. 社会智力　　　　　　　　　　D. 控制—服从行为

20. 缓慢活动型儿童的特征是(　　)

A. 生活有规律　　　　　　　　　B. 对新环境适应缓慢

C. 通常表现为易退缩和激动　　　　D. 容易接近陌生人

第二部分　　非选择题(80分)

二、名词解释题:本大题共4小题,每小题3分,共12分。

21. 替代强化

22. 自恋

23. 实在主义

24. 敏感期

三、判断说明题:本大题共4小题,每小题3分,共12分。判断下列各题正误,并说明其正确或错误的理由。

25. 所有的内部变化都可以称为发展。

26. 弗洛伊德认为,在常态心理中,力比多可以发泄在正当的性欲活动中。

27. 对于一个具体的人来讲,解除自我中心是必然的、必胜的。

28. 维果茨基认为,低级心理机能与高级心理机能属于同一条发展路线的产物,它们相互交织、相互融合。

四、简答题：本大题共 **5** 小题，每小题 **4** 分，共 **20** 分。

29.（2021.10）简述格塞尔关于儿童发展方向原则的方向性表现。

30.经典行为主义的兴起和延续,对心理学的发展具有哪些贡献?

31.由弗洛伊德学说对儿童心理发展阶段的划分,可以看出什么?

32.皮亚杰将儿童的游戏分为哪几类?

33.维果茨基心理发展观中的高级心理机能有哪些共性?

五、论述题：本大题共 **2** 小题，每小题 **8** 分，共 **16** 分。

34.论述攻击性行为的起因。

35.（2019.10）结合实际阐述皮亚杰关于儿童思维发展过程的基本观点。

六、案例分析题：本大题共 **2** 小题，每小题 **10** 分，共 **20** 分。

36.（2018.10）阅读下列案例材料,然后回答问题。

张老师新接手的大班中有些孩子不敢在大家面前表现自己,他们常常表现出双臂夹紧、身体僵硬、揪自己的衣角等行为与神态。张老师了解这是因为以前幼儿的表现和展示机会较少,许多幼儿羞于当众表达。因此,计划通过一系列的活动来增强孩子的自信,并提高他们的表达能力。通过前期的故事会、才艺表演等形式的锻炼,孩子们已经摆脱了羞涩和胆怯,他们不再满足于单纯的讲述,更不满足只在班级小圈子里的表现,他们希望能表演故事,并得到更多观众的支持、帮助。于是,一个新的创意——"家园联谊故事表演会"诞生了。

有了创意后,张老师便和孩子们一起来做策划和准备工作:准备新故事、制作宣传海报、设计邀请函、征集家长意见、商讨会场布置、确定人员分工……在大家精心策划下,故事表演会如期举行。整个活动过程中到处可以看到忙碌的身影,接待的、摄影摄像的、计分的、主持的……所有任务都由孩子和家长承担,他们各司其职,忙而不乱。"演员"更是不负众望,现场不时响起热烈的掌声,孩子的表现得到了大家的充分肯定。

故事表演会结束后,园长给孩子们颁发了奖状,有最佳表演奖、最佳选题奖、最佳设计奖,还有最佳制作奖、最佳进步奖等。孩子们激动万分,而园长发表的活动感言和"快乐生活、快乐学习、快乐成长"的真心祝愿,更使在场的所有人感动不已。

在故事表演会上,孩子是活动的主人,他们主动、自然、自信,学会了共同协商、探索,不怕困难,积极寻求解决的办法。总之,故事表演会使孩子们充满了阳光、充满了自信。

结合行为主义发展理论,分析上述案例中教师是如何创设丰富环境,以促进幼儿的学习与发展。

37.（2017.10）阅读下列案例材料,然后回答问题。

在一次科学活动中,教师提供了松紧带、弹簧、乒乓球等材料,让幼儿探索弹性的特征。在幼儿操作的基础上,教师总结了弹性的概念,接着引导幼儿区分弹性材料。幼儿甲说:"乒乓球也有弹性。"幼儿乙立刻反驳道:"乒乓球没有弹性。"乒乓球到底有没有弹性呢? 教师愣住了。过了一会儿,教师解释道,因为乒乓球弹起来时并未改变形状,所以乒乓球没有弹性,可幼儿甲坚持说乒乓球能弹那么高,肯定有弹性。

请运用皮亚杰的发生认识论分析案例中教师的教育行为,并提出建议。

模拟演练试卷（一）参考答案及解析

一、单项选择题

1.【答案】D

【考点】发展理论的任务

【解析】通常,发展理论的任务是:第一,描述一个或几个心理领域的发展过程;第二,描述几个心理领域之间的变化关系;第三,解释发展的因素(动力)和机制。

2.【答案】C

【考点】发展的原则

【解析】格塞尔注意到,对于人类而言,从一个角度面对世界可能更为有效,因而导致一只手、一只眼、一条腿比另一只手、另一只眼、另一条腿更占优势的结果。格塞尔以新生儿的颈强直反射为例说明机能不对称的原则。

3.【答案】C

【考点】言语能

【解析】言语能可为儿童中枢神经系统的发育提供线索。

4.【答案】B

【考点】育儿观念

【解析】尊重儿童的天性,是正确育儿的第一要义。

5.【答案】B

【考点】华生经典行为主义的基本观点

【解析】刺激和反应都属于物理变化或化学变化。华生用最彻底的办法摈弃了心理现象的独特性,而把心理学纳入自然科学体系之中,实现了"心理学纯粹是自然科学的一个客观实验分支"的学科目标。

6.【答案】D

【考点】操作行为主义体系关于儿童行为的变化的观点

【解析】斯金纳提倡的"忽视",其实质是不强化不良行为。

7.【答案】A

【考点】攻击性行为

【解析】家庭成员的攻击性行为是影响儿童攻击性行为的最主要的来源。

8.【答案】D

【考点】代币法

【解析】事实上,在幼儿园里,最常见的基于强化原理的方法,叫"代币法"。

9.【答案】B

【考点】升华

【解析】在人的生活中,力比多既可以在性生活中直接表现为性欲,也可能被压抑在潜意识之中,只有在梦中或神经病症中得到表现,还可以转化为社会赞同的高级文化活动,如艺术、科学和哲学,这就叫升华。

10.【答案】C

【考点】儿童心理发展阶段

【解析】儿童进入潜伏期,他们的性欲的发展呈现出一种停滞或退化的现象。

11.【答案】A

【考点】霍妮的基本焦虑理论

【解析】一个处境不良的儿童最终是否形成神经质倾向,与他人格中的自我是否失调有关。

12.【答案】D

【考点】认知结构及其机能

【解析】认知结构决定着人能否获得知识以及获得什么样的知识。

13.【答案】D

【考点】儿童思维发展的过程

【解析】皮亚杰认为,循环反应是习惯形成的基础。

14.【答案】C

【考点】反省思考

【解析】儿童不仅必须对客体应用运算,而且还必须在没有客体而用纯粹的命题的条件下,对这些运算进行"反省思考"。这种"反省思考"即是对思维的思维,是高一级的第二级思维。

15.【答案】B

【考点】随意注意的发展

【解析】维果茨基针对随意注意的发展指出,"从发生学角度理解随意注意的关键是如下一个论点:这种行为形式的根源应从婴儿个性的外部,而不是从其内部去寻找。"

16.【答案】C

【考点】概念形成的过程

【解析】概念含混时期的第一阶段表现为尝试与错误。儿童凭借猜测对物体作出分类,一旦发现错误就调换。

17.【答案】A

【考点】教学与发展的关系

【解析】教学基本上走在发展的前面,而发展有其自身的内部逻辑。

18.【答案】B

【考点】知觉

【解析】吉布森认为,知觉是一个激活了的有机体为了认识世界所表现出来的行为,是一种主动的过程。

19.【答案】A

【考点】习性学的发展理论及其重要观点

【解析】关键期,是著名习性学家洛伦兹 1935 年提出的一个著名概念。

20.【答案】B

【考点】缓慢活动型儿童

【解析】缓慢活动型儿童对新环境适应缓慢,通常表现较安静和退缩,通过抚爱与教育可以慢慢地活跃起来。

二、名词解释题

21. 班杜拉把他人所接受的强化对学习者本人的影响称为"替代强化"。

22. 在儿童发展过程中,自我使自己变得与本我所指向的力比多发泄对象尽可能地相像,通过这种相像,自我本身就成为本我的发泄对象。弗洛伊德称之为自恋。

23. 儿童认为月亮在跟着他走,只要他不走,月亮也就不走了。这种拟人化(泛灵论)的现象,皮亚杰称之为"实在主义"。

24. 敏感期指的是,个体在发育的某个时期,对某种类型的环境影响特别敏感。

三、判断说明题

25. 错误。

说明:不是所有的内部变化都可以称为发展。例如,当你从明处走入暗处,视网膜上的光化学物质会发生变化,使视觉感受性大大提高,这就是众所周知的暗适应。反之,从暗处走入明处,又会发生过程相反的明适应。这种内部变化是为了重建机体的正常平衡,其最终结果是回复到原先的状态,所以不能称之为发展。

26. 正确。

说明:弗洛伊德认为,在常态心理中,力比多可以发泄在正当的性欲活动中,但在性生活失常的情况下,它可以泛滥依附在别的活动上。

27. 错误。

说明:对于一个具体的人来讲,解除自我中心并不是必然的、必胜的。在一些心理发展水平低下的人身上,自我中心状态会纠缠终身。

28. 错误。

说明:维果茨基认为,低级心理机能与高级心理机能虽然是两条完全不同的发展路线的产物,前者是种系发展的产物,后者是历史发展的产物,但是在个体的心理发展过程中,这两种不同的心理机能却是相互交织、相互融合的。

四、简答题

29. 格塞尔发现,儿童发展具有一定的方向性,而这个方向性是由遗传密码预先设定的。其主要表现为:

(1) 由上而下。

（2）由中心向边缘。

（3）由粗大动作向精细动作发展。

30.（1）使心理学从哲学的边缘跳入科学之林。

（2）使心理学研究从主观内省转入客观经验研究。

（3）使心理学走出学院的围墙进入广泛的实用领域。

（4）对儿童心理和教育提供了有益的指导原则。

31. 由弗洛伊德学说对儿童心理发展阶段的划分,我们可以看出:

（1）心理发展是有阶段的。

（2）心理的发展是有其生理基础的,性欲的发展是心理发展的内部机制。

（3）儿童早期的性经验与家长具有十分密切的关系,家长的教养态度和方法对儿童心理发展至关重要。

32. 皮亚杰将儿童的游戏分为四类:感知-运动水平上的游戏(适应动作的重复)、象征性游戏、规则游戏和创造性游戏(智力游戏)。

33.（1）这些机能是随意的、主动的,是由主体按照预定的目的而自觉引起的。

（2）就它们的反映水平而言是概括的、抽象的。

（3）就其实现过程的结构而言是间接的,必须经由符号或词作为中介的工具。

（4）就其起源而言,它们是社会历史发展的产物,受社会规律制约。

（5）从个体发展来看,高级心理机能是在人际交往的过程中产生和发展的。

五、论述题

34. 在一系列实验研究的基础上,班杜拉对攻击性行为的起因,提出了以下观点:

第一,当个体有攻击倾向时,任何一种情绪状态的唤醒都可能触发攻击性行为。一般人认为,只有愤怒、恐惧等情绪才能触发攻击性行为,但班杜拉认为,除此之外,情绪亢奋、欣快异常等情绪也同样可以引发攻击性行为(请联想一下大多数足球球迷的情绪状态)。班杜拉认为,情绪的唤醒虽然不是引发攻击性行为的必然条件,但它能便利攻击性行为的发生。由挫折而产生的情绪唤醒对那些经常以攻击的方式对付生活压力的人来说,才是引发攻击性行为的原因,而对其他人来说,并不一定会产生攻击性行为。

第二,情绪状态的唤醒具有诱发攻击性行为的可能,但情绪唤醒状态的减弱也有助于降低攻击性行为发生的可能。情绪状态的减弱有两种途径,一是通过攻击性行为发生的本身,二是通过认知因素。

第三,班杜拉认为,接触或观察到的攻击性行为能增加观察者的攻击倾向,并不像有些心理学家认为的那样,替代性地参加攻击活动可以消耗攻击能量,减少攻击性行为的发生。事实上,班杜拉说,"观察到以合法形式示范的暴力行为不仅提高了攻击行为发生的可能性,而且促进了……人们选择攻击行为的方法解决冲突。"

35.（1）皮亚杰理论认为,思维源于动作,儿童最初具有的动作是反射性动作,从反射性动作到智慧动作,需要一个发展过程。

（2）动作的内化。从感知运动智慧向表象性思维过渡,各种不同的表象都是内化的心理动作。

（3）内化的可逆的动作是运算。

（4）结合实际阐述。

六、案例分析题

36.（1）行为主义发展理论创始人华生认为,人类的行为都是后天习得的,环境决定了一个人的行为模式,无论是正常的行为还是病态的行为都是经过学习而获得的,也可以通过学习而更改、增加或消除。基于该理论,只要仔细观察和分析某种行为产生、发展的外部环境,就能够发现相关的环境要素;同时创造适宜环境,提供恰当刺激,可以塑造和修正行为。

（2）幼儿园是儿童生活、学习的主要场所之一。幼儿园营造什么样的环境和氛围,会直接影响儿童的学习。适宜的环境,对儿童知识的学习、行为习惯的培养,甚至品格的养成,起到正面积极的影响。反之亦然。

（3）上述案例中,带班老师接手新班时发现孩子胆小紧张,经过了解和分析,发现是之前没有给他们提供足够的表达和表现的机会,环境中缺少适宜的刺激引发孩子相应的行为。于是老师计划通过讲故事入手,给孩子提供表现机会。但由于这一活动并不符合孩子的兴趣和需要,最后调整为才艺表演的形式,让儿童在当众表演中,逐步激发并提高了其自信心和积极性,也促进了孩子的学习与发展。

37.（1）案例中呈现的幼儿园科学活动,目标是让幼儿探索弹性的特征,据此教师提供了丰富的材料让儿童体验,期望儿童能在探索过程中了解弹性特征,在活动中幼儿对"乒乓球是否有弹性"展开了激烈的讨论,表现出幼儿对弹性概念的不理解,这表明该概念已超越了幼儿的认识水平,因此效果不佳。

（2）皮亚杰认为儿童的认知发展呈现出阶段性,处于不同认知发展阶段的儿童在其认识和解释事物的方式上与成人有差异,因此学习应适应儿童的发展水平。

（3）教师应在了解儿童身心发展的阶段和水平的基础上,根据儿童的认知方式设计教学,才能取得预想的效果。

（4）幼儿园科学教育的目标是培养孩子对周围事物的兴趣和探索欲望,儿童通过"做中学"来实现这一目标,因此科学活动应以探索有趣的现象和寻找各种解决问题的方法作为目标和内容,儿童掌握的是前科学概念,而该案例中的"弹性特征"需要儿童了解乒乓球的材质、硬度、重量和击球时的用力程度、不同的击球点、空气湿度等,然而这对于幼儿而言过于复杂,远远超越了儿童的认知发展水平,这可能挫伤孩子的自信和影响其后继学习。

模拟演练试卷（二）

第一部分　选择题(20分)

一、单项选择题：本大题共 20 小题，每小题 1 分，共 20 分。在每小题列出的备选项中只有一项是最符合题目要求的，请将其选出。

1. (2018.10)科学研究的一般方法都是起步于( )

   A. 假设　　　　　　　B. 实验　　　　　　　C. 分析　　　　　　　D. 调查

2. 在格塞尔看来，成熟是从一种发展水平向另一种发展水平的( )

   A. 突然转变　　　　　B. 阶段连续　　　　　C. 逐渐过渡　　　　　D. 线性连续

3. 当儿童突然向前进入一个新领域后，又会适度退却，以巩固一下取得的进步，然后再往前进，这体现了儿童行为发展的( )

   A. 个体成熟的原则　　　　　　　　　　B. 发展方向的原则

   C. 机能不对称的原则　　　　　　　　　D. 自我调节的原则

4. 儿童对现实社会文化的个人反应属于( )

   A. 动作能　　　　　　B. 应物能　　　　　　C. 言语能　　　　　　D. 应人能

5. 华生认为习惯的单位是( )

   A. 动作　　　　　　　B. 行为　　　　　　　C. 意识　　　　　　　D. 条件反射

6. 仅对一部分正确反应予以强化的是( )

   A. 固定强化　　　　　B. 偶然强化　　　　　C. 连续强化　　　　　D. 间歇强化

7. 在观察学习中，学习者在环境中的定向过程是( )

   A. 注意过程　　　　　　　　　　　　　B. 保持过程

   C. 运动复现过程　　　　　　　　　　　D. 强化和动机过程

8. 通过大量不同内容的句子的练习，让学生掌握某一句子结构，进而掌握特定的语法规则，这称为( )

   A. 象征模式　　　　　B. 创造模式　　　　　C. 参照模式　　　　　D. 抽象模式

9. 生命具有趋向死亡的本能，叫作( )

   A. 性本能　　　　　　B. 死本能　　　　　　C. 营养本能　　　　　D. 生本能

10. "此地无银三百两"表现的是( )

    A. 压抑　　　　　　　B. 反向作用　　　　　C. 投射　　　　　　　D. 退化

11. 学龄期阶段的主要冲突是( )

    A. 自主感和羞怯感　　　　　　　　　　B. 主动感和罪疚感

C. 勤奋感和自卑感　　　　　　　　　　　D. 亲密感和孤独感

12. 儿童不懂得表象水平上的可逆性,未掌握守恒概念的阶段是(　　)

A. 感知-运动阶段　　B. 具体运算阶段　　C. 形式运算阶段　　D. 逻辑运算阶段

13. 感知运动智慧的守恒性特征表现为(　　)

A. 客体永久性的观念　　　　　　　　　　B. 主体永久性的观念

C. 自我中心观念　　　　　　　　　　　　D. 去中心化观念

14. 每一个认知发展阶段,一方面包括一个准备水平,另一方面包括一个完成水平。这体现了阶段的(　　)

A. 连续性　　　　　B. 恒定性　　　　　C. 整合性　　　　　D. 双重性

15. 维果茨基认为,行为的工具分为两类,一类是物质工具,另一类是(　　)

A. 心理工具　　　　B. 意识工具　　　　C. 操作工具　　　　D. 理想工具

16. 儿童借助弥漫的、不确定的联系把几组直观、具体的形象或者物品联结起来。我们称之为(　　)

A. 联想型复合　　　B. 集合型复合　　　C. 弥漫型复合　　　D. 假概念

17. 儿童从周围环境中吸取新知识、发展新能力可称为(　　)

A. 自发型教学　　　B. 自主性学习　　　C. 积极内化　　　　D. 反应型教学

18. 知觉行为的可行程度称为(　　)

A. 可行性　　　　　B. 可知度　　　　　C. 知觉反应　　　　D. 知觉扩展

19. 当一个个体以牺牲自己的适应来增加、促进和提高另一个个体的适应时,那就是(　　)

A. 牺牲行为　　　　B. 互助行为　　　　C. 利他行为　　　　D. 无私行为

20. 与亲子关系是相互平行的、不可替代的儿童人际关系是(　　)

A. 同伴关系　　　　B. 社会关系　　　　C. 班级关系　　　　D. 师生关系

第二部分　　非选择题(80分)

二、名词解释题:本大题共 4 小题,每小题 3 分,共 12 分。

21. 无尝试学习

22. 本我

23. 去中心化

24. 低级心理机能

三、判断说明题:本大题共 4 小题,每小题 3 分,共 12 分。判断下列各题正误,并说明其正确或错误的理由。

25. (2021.10)格塞尔认为,成熟意味着儿童能在外在压力下控制自己。

26. 婴儿因见到母亲而高兴是非习得反应。

27. 超我由两部分构成,一部分叫良心,另一部分叫自我理想。

28. 儿童认知发展的本质，就是认知结构的转换与平衡。

四、简答题：本大题共 5 小题，每小题 4 分，共 20 分。

29. 华生认为哪些因素会影响动作习惯的形成？

30. 从对象力比多向自恋力比多转化，这种转化通常包括哪几种方式？

31. 简述焦虑的五项防御机制。

32. 皮亚杰对于学习和发展的基本观点有哪些？

33. 简述儿童知觉发展的趋势。

五、论述题：本大题共 2 小题，每小题 8 分，共 16 分。

34. （2019.10）结合实例论述班杜拉的观察学习理论及其过程。

35. 论述知觉发展的机制。

六、案例分析题：本大题共 2 小题，每小题 10 分，共 20 分。

36. （2021.10）阅读下列案例材料，然后回答问题。

某幼儿园开展"幼儿良好行为习惯培养策略"的实践探索，大班刘老师采取的一个策略是全班性的"好孩子"评比。她用彩色的海绵纸做了一个"好孩子"评比栏，实际上就是一个 5 列 39 行的大表格。表格第一行罗列着要评比的项目：学习、运动、游戏、生活，表格左边是全班 38 个孩子的姓名。

刘老师把这个评比栏展示在黑板上，告诉孩子们："我们班要开展评选好孩子的活动，评出的好孩子会得到奖品。怎样才算好孩子呢？那就是在学习、运动、游戏和生活上都要表现得好（刘老师边说边指着评比栏上的汉字），每表现好一次，老师就在你的名字后面贴 1 颗星。如果你得到 10 颗星，老师就会发 1 个奖品。"老师："现在请告诉我，我们在学习时应该怎么做呢？"幼儿："好好学习，听老师的话。"老师："上课的时候怎样学习才叫好呢？"幼儿："不随便下座位。""举手回答问题。""不准讲话。"……如此逐一对运动、游戏、生活等其他 3 项内容进行提问。幼儿回答结束后，刘老师进行了补充，再次倡导这个活动，并把评比栏贴在了活动室靠门口的墙面下方。

结合强化原理，分析上述案例中刘老师如何运用代币法对全班幼儿进行行为塑造？她在设定"好孩子"的目标行为上存在哪些问题？

37. （2021.10）阅读下列案例材料，然后回答问题。

东东 8 个月时，妈妈经常抱他到窗前去看外面风景，但东东对窗外的风景并不感兴趣，只对玻璃窗前的不锈钢栅栏感兴趣。他不仅用小手去触摸，而且用小手去拍打栅栏，当他发现栅栏在其拍打下会发出吱吱的声音时，就兴奋不已，并继续拍打，但妈妈担心安全问题，想把他的小手拉开，可他拼命地抓摸，一旦抓到栅栏就开心地微笑并继续拍打。妈妈对东东的行为很是不解。

请运用动作发展与思维的关系分析以上案例。

模拟演练试卷（二）参考答案及解析

一、单项选择题

1.【答案】A

【考点】指导研究

【解析】科学研究的一般方法都是从假设起步的,而假设必定来自一定的理论。

2.【答案】A

【考点】发展的性质

【解析】格塞尔认为,儿童的生理成熟表现为通过从一种发展水平向另一种发展水平突然转变而实现的。

3.【答案】D

【考点】自我调节的原则

【解析】研究发现,自我调节还能加强成长天性的不平衡和波动,即当儿童突然向前进入一个新领域后,又会适度退却,以巩固一下取得的进步,然后再往前进。"进两步,退一步,然后再进两步。"

4.【答案】D

【考点】应人能

【解析】应人能是儿童对现实社会文化的个人反应。这种反应种类多,变化大,可能受到外界影响支配。但这些行为模式七是由内部成长因素决定的。任何环境的影响都受到神经功能成熟程度的限制。

5.【答案】D

【考点】行为主义的习惯

【解析】习惯的形成,实质上是形成了一系列的条件反射。因此,条件反射是习惯的单位。

6.【答案】D

【考点】间歇强化

【解析】间歇强化,又称部分强化,指仅对一部分正确反应予以强化。

7.【答案】A

【考点】观察学习及其过程

【解析】注意过程是学习者在环境中的定向过程。

8.【答案】D

【考点】抽象模式

【解析】通过榜样的多种行为,让学习者从中接受指导这些行为的原理和规则的模式,称为抽象模式。如通过大量的不同内容的句子的练习,让学生掌握某一句子结构,进而掌握特定的语法规则,就是抽象模式。

9.【答案】B

【考点】死本能

【解析】生命具有趋向死亡的本能,叫作死本能。

10.【答案】B

【考点】反向作用

【解析】"矫枉过正""欲盖弥彰""此地无银三百两"都是反向作用的表现。

11.【答案】C

【考点】同一性渐成的发展阶段

【解析】勤奋感和自卑感构成了学龄期阶段的主要冲突。

12.【答案】A

【考点】认知结构及其机能

【解析】根据皮亚杰的研究,儿童发展的早期是感知-运动阶段。但这时的儿童还不懂得表象水平上的可逆性,未掌握守恒概念。

13.【答案】A

【考点】儿童思维发展的过程

【解析】感知运动智慧的守恒性特征表现为客体永久性的观念。这个观念在婴儿接近1岁半时才出现。

14.【答案】D

【考点】阶段论与平衡化

【解析】皮亚杰认知发展阶段的特征具有的性质之一是阶段的双重性,即每一个阶段,一方面包括一个准备水平,另一方面包括一个完成水平。

15.【答案】A

【考点】社会文化历史学派的心理发展理论的基本观点

【解析】行为的工具分为两类,一类是物质工具——从最简单的器械到现代化的机器,另一类是心理工具——各种符号、记号、语词、语言。

16.【答案】C

【考点】概念形成的过程

【解析】复合思维的第四种亚型为弥漫型复合。儿童借助弥漫的、不确定的联系把几组直观具体的形象或者物品联结起来。

17.【答案】A

【考点】教学与发展的关系

【解析】儿童所经历的各阶段的次序、其延续时间的长短,不是由母亲的"教学大纲"所决定的,而是由儿童从周围环境中如何吸取新知识、发展新能力所决定的。这种类型的教学具有很大的自发性,可称为自发型教学。

18.【答案】B

【考点】生态学研究的重要性

【解析】20世纪80年代后期,吉布森把研究的重点转移到"可知度"上,意思是知觉行为的可行程度,反映的是知觉行为与环境特性之间的关系。

19.【答案】C

【考点】利他行为

【解析】按习性学观点,当一个个体以牺牲自己的适应来增加、促进和提高另一个体的适应时,那就是利他行为。

20.【答案】A

【考点】同伴的相互作用

【解析】同伴关系与亲子关系是相互平行的、不可替代的儿童人际关系,具有重要的心理价值。

二、名词解释题

21. 学习者通过别人的行为和结果的观察所完成的学习称为"无尝试学习"。

22. 本我是最原始的系统,它处于思维的初级过程,是无意识的、非理性的、难以接近的部分。

23. 随着主体对客体的相互作用的深入和认知机能的不断平衡、认识结构的不断完善,个体能从自我中心状态中解除出来,皮亚杰称之为"去中心化"。

24. 低级心理机能是指感觉、知觉、不随意注意、形象记忆、情绪、冲动性意志、直观的动作思维等。

三、判断说明题

25. 错误。

说明:格塞尔认为,孩子在成长过程中应当学会控制自己的冲动,并逐渐合乎文化的要求。当儿童的成熟水平达到能够克制自己的能力时,他们才能真正做到自己控制自己,而不是依靠外在的压力来控制自己。

26. 错误。

说明:人的反应的第三种分类方式是用纯逻辑的方式进行的,以引发反应的感觉器官来标志反应,如视觉的非习得的反应(朝向光源)、视觉的习得的反应(见到母亲而高兴)等。

27. 正确。

说明:超我由两部分构成,一部分叫良心,另一部分叫自我理想。一般而言,良心是消极的,而自我理想则是积极的。

28. 错误。

说明:儿童认知发展的本质,就是认知结构的建构和转换。

四、简答题

29.(1)年龄。(2)练习的分配。

30. 从对象力比多向自恋力比多转化,这种转化通常包括三种方式:压抑、自居和升华。

31. (1)压抑。(2)反向作用。(3)投射。(4)退化。(5)停滞(固结)。

32. (1)学习从属于主体的发展水平;

(2)知识是主、客体相互作用的结果;

(3)早期教育应该着眼于发展儿童主动活动。

33. (1)知觉特异性增加。(2)注意实现最优化。(3)信息获得更加经济有效。

五、论述题

34. (1)观察学习是通过观察他人所表现出的行为及其结果而习得新行为。社会学习理论家认为,儿童的亲社会行为,如分享、合作、帮助,是观察学习理论最主要的研究内容。亲社会行为通过呈现适当的模式能够施加影响。

(2)观察学习是一个从他人身上获得信息的普遍的过程,这个过程包括四个组成部分。

第一,注意过程。注意过程是学习者在环境中的定向过程。学习者观察什么、模仿什么是由注意决定的。

第二,保持过程。当观察者吸收了榜样的行为之后,要成功地模仿一个行为模式,就必须先在头脑中保持所见内容的符号形式。

第三,运动复现过程。要将范型的示范转化为相应的行为,必须有一定的运动技巧。在观察学习中,人们首先要依靠示范掌握行为的要领,然后在实际中尝试复现。

第四,强化和动机过程。学习者的观察学习是否发生,关键在于榜样行为是否得到强化,以及自身是否有学习复现的动机等。

(3)举例说明(略)。

35. 吉布森于1969年提出了知觉发展的机制:抽取、过滤和注意的外周机制。

(1)抽取。一个知觉对象(物体、事件、空间排列等)总是包含着各种特性,如大小、颜色、轻重等。这些特性都包含在刺激之中。只有当儿童运用知觉将这些特性抽取出来,才变为知觉的信息。除了对象自身的特性外,还有各对象之间的关系,如上下、前后、左右等,都必须经过抽取才能被感知。

(2)过滤。在知觉过程中,一面要抽取有用的信息,一面还要排除杂乱的、不相干的"噪音",这就需要过滤。事实上,过滤和抽取是一个问题的两个方面,如同一个硬币的两面一样。典型的过滤与抽取作用的事例被称为"鸡尾酒宴会现象"或"生日宴会现象"。在这类场合人声鼎沸,但并不影响某人与朋友之间的交谈,因为他能过滤掉噪音,专门收集想听到的声音。过滤是一种有发展过程的技术。

(3)注意的外周机制。抽取和过滤是接受信息或拒绝信息的内部过程。与此同时,知觉还表现出注意的外部机制,如儿童把眼睛转向电视机,把手伸向水果盘,用鼻子使劲嗅花香……通过这些外围行为表现出儿童收集信息的能力。一些注意的外周机制是天生的,如转动眼睛移向声源。注意的外周机制有助于儿童知觉对象的外部特征、事物之间的关系及结构单元。到了1984年,吉布森又增加了三种活动作推动知觉发展的要素,那就是:探索活动、获得恒常性和结果观察。布吉森认为,这三种活动一起导致发现可知度。

六、案例分析题

36.(1)斯金纳认为,人的行为大部分都是可操作性的,任何习得行为,都与及时强化有关。如果行为的结果受到强化,行为的出现概率就会增加。基于此原理,良好行为的建立就应该运用强化的原理,激励儿童逐步学习社会所认同的行为方式。

(2)基于该原理的表扬或奖励,被很多教育工作者和家长认为是最有效的教育方法。也有学者认为,奖励是教给儿童在特定的环境中,什么是适宜行为的最快捷和最有效的方法。而行为代币法则是塑造孩子行为的重要方法。

(3)这是一个典型的运用代币法对幼儿进行行为塑造的案例。刘老师所要强化的目标行为是幼儿在学习、运动、游戏和生活等方面表现良好,即"好孩子"的评比标准,星星是代币,未知的奖品及"好孩子"的荣誉是强化物。幼儿只要在某方面表现良好就可获得 1 颗星,集满 10 颗星才能换得奖品。

(4)老师在运用代币法时,目标行为的规定不够具体和明确。

第一,"表现好"本身是一个模糊、概括性的概念。老师对各类良好行为的规定过于抽象,幼儿难以理解。

第二,目标行为缺乏重点。教师的目的是要培养幼儿良好的行为习惯,而刘老师强化的良好学习行为则只是课堂行为规则。

第三,目标行为在施用对象上缺乏针对性。教师对全班幼儿提出了"表现好"的空泛要求,未考虑全班幼儿的个体差异。

37.(1)皮亚杰认为思维起源于动作,动作是思维的起点,儿童最初具有的动作是反射性动作,从反射性动作到智慧动作,需要一个发展过程。

(2)该案例中,东东通过手的动作去探索世界,他在抓握、触摸栅栏等过程中,不仅产生了强烈的好奇心和求知欲,还获得了对于自己和客体世界的直观经验,这对于他理解未知世界具有重要的意义。

(3)从婴儿的智慧发展顺序来看,儿童早期的动作最终会内化为表象和运算,为儿童后期的具体形象思维、抽象逻辑思维奠定基础。

(4)该案例中的东东处于感知运动阶段,手的动作先于语言,手比语言更能反映儿童思维的发展水平。因此成人应了解儿童思维的发展阶段,为其提供动作发展的机会。

郑重声明

高等教育出版社依法对本书享有专有出版权。任何未经许可的复制、销售行为均违反《中华人民共和国著作权法》,其行为人将承担相应的民事责任和行政责任;构成犯罪的,将被依法追究刑事责任。为了维护市场秩序,保护读者的合法权益,避免读者误用盗版书造成不良后果,我社将配合行政执法部门和司法机关对违法犯罪的单位和个人进行严厉打击。社会各界人士如发现上述侵权行为,希望及时举报,我社将奖励举报有功人员。

反盗版举报电话　(010)58581999　58582371

反盗版举报邮箱　dd@hep.com.cn

通信地址　北京市西城区德外大街4号　高等教育出版社法律事务部

邮政编码　100120

读者意见反馈

为收集对教材的意见建议,进一步完善教材编写并做好服务工作,读者可将对本教材的意见建议通过如下渠道反馈至我社。

咨询电话　400-810-0598

反馈邮箱　gjdzfwb@pub.hep.cn

通信地址　北京市朝阳区惠新东街4号富盛大厦1座

　　　　　高等教育出版社总编辑办公室

邮政编码　100029

防伪查询说明

用户购书后刮开封底防伪涂层,使用手机微信等软件扫描二维码,会跳转至防伪查询网页,获得所购图书详细信息。

防伪客服电话

(010)58582300